実践に役立つ
実験計画法入門

奥原正夫 著

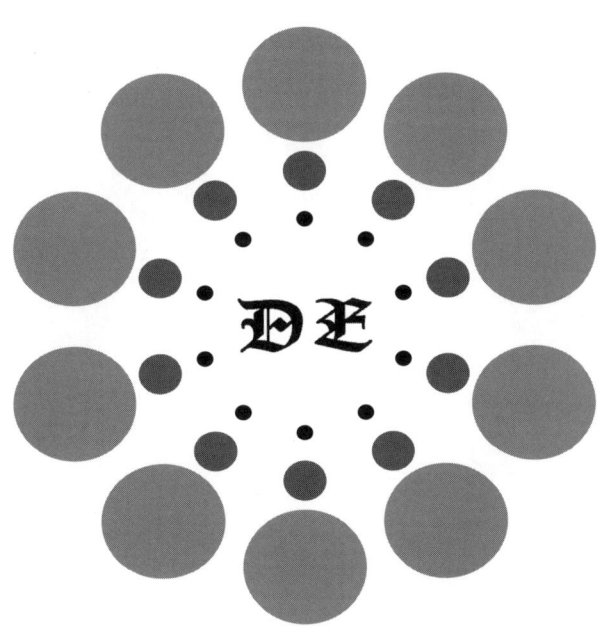

日科技連

まえがき

　どんな製品でも，顧客が満足する品質を実現するためには，「何を作るべきか」を検討する設計・開発部門あるいは評価部門，「どうやって作るか」を検討する生産技術部門や製造部門などの役割が重要となる．その役割を果たすため，いずれの部門でも製品の特性を好ましい状態で安定させようとするが，製品の特性は生産活動の結果であり直接には制御できない．そのため，結果に影響を与える原因を明らかにしたうえで原因を制御する必要が出てくる．原因を制御して結果を好ましい値にするためには，まず最初に結果に大きな影響を与える原因を洗い出す必要があり，その次に，結果と原因との関係を導く必要がある．

　こうして導き出した関係を使うと，間接的に生産活動の結果を制御できるようになる．つまり，製品の特性を好ましい値にするための原因のあるべき条件を求めることができるのである．あるいは結果の予測のために原因を任意の条件にしたときの特性値を知ることができる．

　特性に影響を与える原因やその原因のあるべき条件が固有技術的に明らかになっていればよいのだが，固有技術では不明な場合もありうる．このときには経験的にそれらを明らかにする必要があるのだが，これは「やってみなければわからない」世界である．とはいえ，何でも闇雲にやっていては手間暇がかかる割に知りたいことがはっきりしない．そのため，知りたいことをなるべく少ない経験回数で知る「どうせやるならうまくやる」考え方が必要となる．これに答えうる方法こそが実験計画法である．

　本書は，一般財団法人 日本科学技術連盟で継続的に開催される実験計画法入門コース前期の講義テキストを軸に加筆修正したものである．

　本セミナーは従来のセミナーと比べて二つの特徴がある．

　一つは因子の性格によって変わる解析の道筋を明確にしている点であり，もう一つは実際のデータ解析に Excel の使い方を教えている点である．

　因子には「原料の種類」とか「処理方法」といったように「他の条件との区

まえがき

分のみ意味のある質的因子」と，「温度」や「圧力」のように「他の条件と区分でき，かつ数値として比較できる量的因子」とがある．これまでのセミナーやテキストでは，この質的因子と量的因子の差異を区別せず，質的因子の理解を前提として，実験データの解析方法は差の分析である分散分析のみを扱ってきた．これに対して量的因子の実験では，実験点以外の情報も得ることに意味があるため，回帰分析で解くほうがより正確となってよい．また，差の分析のみ求めるのであれば実験データの解析は電卓でも可能であるが，本書で扱う実験データは回帰分析で解く必要があるため，Excel の LINEST 関数を使って回帰分析を解いている．因子の性格によって解析の道筋を変える方法論とこれらを Excel で解くアイディアは芳賀敏郎博士(元東京理科大学教授)に負うところが大きい．

本書は実験計画法の入門書である．そのため，わかりやすさを優先しており，理論的厳密さは不十分である．実務に役立つことを第一に，例を用いた実験データの解析を詳しく述べ，不必要と思われる理論部分は割愛した．これらについては本文中あるいは巻末に述べられている参考文献を参照していただきたい．

本書の使い方としては，まず最初に，例題を Excel で解き，解析のだいたいの流れを了解してほしい．その次に，読者自身の課題について例題の解法を参考に考えてもらい，課題の解決に役立ててもらいたい．読者の皆様が，自分で身近な実験を計画・実施し，データを解析して，製品の品質維持に役立てられるようになることが筆者の願いである．

最後に実験計画法セミナー入門コースの先生方からは有益なご意見を多数いただいた．この場を借りてお礼申し上げる．また，遅筆な筆者に辛抱強く応援いただいた日科技連出版社出版部部長の戸羽節文氏，元部長の薗田俊江氏，部員の田中延志氏に対しては深く感謝申し上げたい．

2013 年 4 月

諏訪東京理科大学 経営情報学部 学部長
奥原　正夫

Excel シートの使い方

　本書では，数値例の解析方法をできるだけ電卓でも解けるように書いているが，回帰分析や直交配列表データの解析のように実質的に電卓で解くことが難しい内容もある．そのため，Excel の使用を前提として解析方法を書かざるをえなかった．

　解析方法の記述であるが，説明の煩雑さを避けるために Excel シートの全体を示すのではなく，必要な部分のみを示した．本書中の Excel データはすべて日科技連出版社のホームページ(http://www.juse-p.co.jp)からダウンロードできる．本書を効率的に使用するためには，データをダウンロードしたうえで，本書の例題の説明に従ってデータを解析するのがよい．

　ここで，Excel の使用方法について，第 2 章中の 例 2-1 (p.9)に従い，以下，簡単に説明するので，ぜひ参考にしてもらいたい．

【使い方】

① Excel シートのシート見出しを見ると，[第 2 章 例 2-1(演習)]と[第 2 章 例 2-1]の 2 枚のシートが確認できる．

② シート見出し[第 2 章 例 2-1(演習)]をクリックして開くと，C1〜C3 セルが塗りつぶされているのが確認できる．

③ このセルに**図 2-1-3** に示す Excel 関数を入力すると**図 2-1-2** の C1〜C3 に示す値が表示される．

	A	B	C
1	6.8	平均値	7.50
2	8.1	平方和	3.60
3	6.7	分散	0.400
		省略	
10	6.9		

図 2-1-2　データの入力

	A	B	C
1	6.8	平均値	=AVERAGE(A1:A10)
2	8.1	平方和	=DEVSQ(A1:A10)
3	6.7	分散	=VAR(A1:A10)

図 2-1-3　関数の入力

Excel シートの使い方

④ ［第2章 例2-1］シートを開くと，**図 2-1-2** と同じ内容が表示されるのが確認できる．

⑤ ここで，例えば C1 セルを指定するとセルの中身が数式バーに表示されるので，解析のために入力すべき内容が確認できる．

目 次

まえがき iii
Excelシートの使い方 v

第1章　実験計画法とは 1
1.1　実験計画法とは 1
1.2　Fisherの3原則 5

第2章　統計的方法の基礎 7
2.1　統計的方法 7
2.2　データの分布 11
2.3　統計量の分布 13
2.4　Excelによる確率の計算 16
2.5　検定 18
2.6　推定 23
2.7　実験データの解析 26

第3章　一元配置実験の計画と解析 37
3.1　一元配置実験とは 37
3.2　実験データの解析方法(質的因子) 38
3.3　実験データの解析方法(量的因子) 62
3.4　水準数と繰り返し数 75
3.5　平方和の分解の数値例 76
3.6　繰り返し数が異なる場合の解析 77

目　次

第4章　二元配置実験の計画と解析 ······· 79
- 4.1 二元配置実験とは ······· 79
- 4.2 実験データの解析方法（質的因子と質的因子） ······· 81
- 4.3 実験データの解析方法（量的因子と量的因子） ······· 104
- 4.4 実験データの解析方法（質的因子と量的因子） ······· 119
- 4.5 繰り返しのない二元配置実験 ······· 133
- 4.6 水準数と繰り返し数 ······· 148
- 4.7 交互作用 ······· 149

第5章　2水準の直交配列表実験の計画と解析 ······· 151
- 5.1 実験回数を減らす工夫 ······· 151
- 5.2 2水準の直交配列表 ······· 153
- 5.3 交互作用列の求め方 ······· 160
- 5.4 直交配列表の実験データの解析 ······· 163
- 5.5 直交配列表による実験の割り付け ······· 177
- 5.6 多水準法 ······· 191
- 5.7 擬水準法 ······· 203

第6章　3水準の直交配列表実験の計画と解析 ······· 207
- 6.1 3水準の直交配列表 ······· 207
- 6.2 交互作用列の求め方 ······· 210
- 6.3 直交配列表の実験データの解析 ······· 213
- 6.4 直交配列表による実験の割り付け ······· 228

参考文献 ······· 233
索　引 ······· 235

第1章
実験計画法とは

1.1 実験計画法とは

　製品やサービスのできばえである結果系の特性を好ましい水準で安定させるには，結果系に影響を与える原因を適当な条件に固定できればよい．例えば製品の投入原料量に対する良品収量である収率を上げるためには，収率に影響を与える原因と収率と原因との関係を明らかにする必要がある．結果系と原因系とを整理する道具に特性要因図がある．例えば製品収率についての特性要因図を図 1-1-1 に示す．

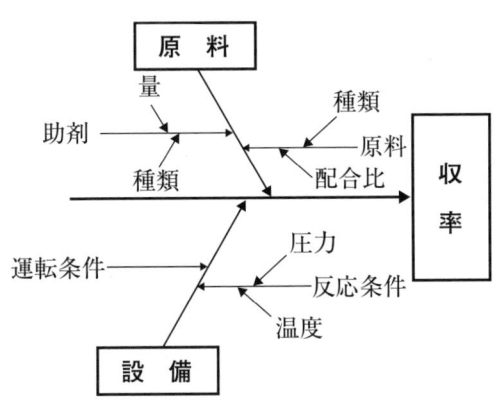

図 1-1-1　特性要因図

　多くの場合，結果に影響を与える原因と結果を好ましい水準にするための原

第1章 実験計画法とは

因系の適当な条件が固有技術的に明らかになっている．しかし，固有技術的にわからない場合には，経験的に明らかにする必要がある．このためには，結果系と原因系とのデータを集めて統計的関係を解析すればよい．データ採取のコストを考えると日常の操業データを集めて解析すればよいが，この日常データの利用には次のようないくつかの不便な点がある．

(1) 擬相関
特性に影響を与えているようにみえる要因が真の原因であるとは限らない．

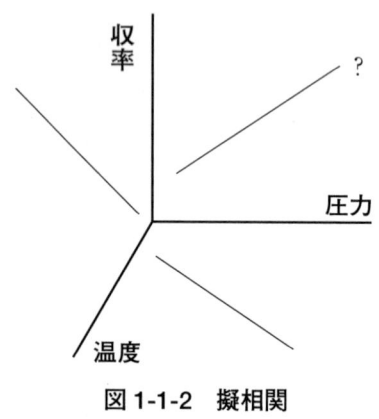

図 1-1-2　擬相関

図 1-1-2 では圧力が高くなるにつれて収率が高くなっているので，圧力が収率の真の原因に見えるが，実際は温度が上がると圧力が高くなり，温度が上がると収率も高くなっている．収率の真の原因は温度でありながら，温度が収率と圧力に影響を与えているために，あたかも圧力が収率に影響を与えているように見えてしまう．これを擬相関と呼ぶ．

(2) 交絡
2つ以上の要因が及ぼす効果が分離できない状態を交絡と呼ぶ．表 1-1-1 に示すように温度と助剤の添加量とが(200℃，1.5%)と(250℃，2.0%)の条件で

の収率がそれぞれ80%, 85%であったとすると, 収率が異なっている原因が, 温度と助剤の添加量とが交絡してしまっているために効果の分離ができない.

表 1-1-1 交絡

温度＼助剤	1.5%	2.0%
200℃	80%	
250℃		85%

(3) 外挿

統計的結論が使用できるのは, 採取されたデータの範囲内だけである.

図1-1-3に示すように収率と温度との直線関係が利用できるのは, 収率のデータを採取した温度の範囲(200～250℃)だけであり, もう少し温度を上げた場合, 目標を達成できるかどうかは不明である. このような制約にも関わらず統計的結論をデータ採取外にまで広げることを外挿と呼ぶ.

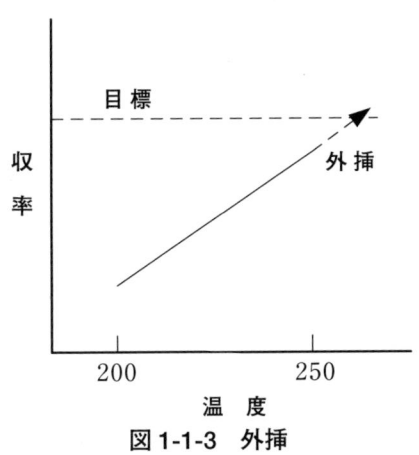

図 1-1-3 外挿

このような不便な点を避けるには, 原因と思われるものの条件を何通りか変化させて, そのときの結果系の特性値を観察すればよい. このような経験的な理解方法を実験研究と呼ぶ. これに対して日常の操業データを集めて理解する

第1章 実験計画法とは

方法を観察研究と呼ぶ．観察研究は，実験研究に比べてデータ採取のコストが安くて済むが，真の原因を知るためには実験研究が必要となる．実験研究のときにのみ因果分析が可能となる．

さて，実験研究は観察研究に比べてコストが多くかかることが予想される．そこでなるべく少ない実験回数で必要な知見を得るような方法が必要となる．必要な情報を得るために少ない実験回数で済むように実験を計画する体系が実験計画法(Design of Experiments)である．実験計画法は現場でよく使われているPDCAサイクルで整理できる(図1-1-4)．

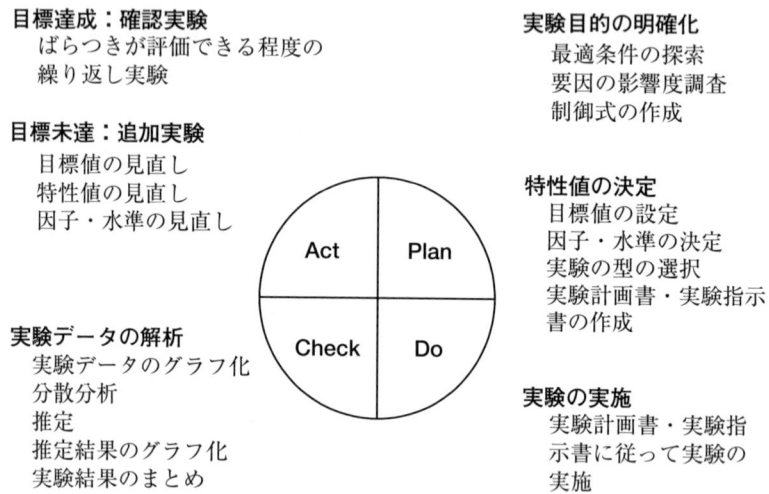

図1-1-4　実験計画法のPDCAサイクル

Planは実験の計画であり，Doは実験の実施である．Checkは実験データの解析であり，Actは実験結果からの処置である．実験計画法は実験の計画ばかりではなく，実施して得られた実験データの解析や解析結果からの処置も含まれる．実験計画法はどのようにデータを採取するか検討する部分と，得られたデータをどのように解析するか検討する部分とがあり，本書では主に，実験回数をなるべく多くせずに必要な情報を得るための上手な実験の計画と実験デー

タの素性に応じた実験データの解析方法について解説する．

1.2　Fisherの3原則

　Fisherの3原則は，「①実験の反復」「②実験順序のランダマイズ」「③局所管理」である．

　実験には，物理実験のように厳密に条件を設定することによって，結果のばらつきをなるべく小さくしようとする精密実験がある．これに対してここでは，精密実験とは異なり，多くの条件を厳密に設定することが困難な場合の実験を取り上げる．

　家庭で美味しいお好み焼きを作る実験を考える．家族の体調や家庭用電源の電圧変動，あるいはメリケン粉を溶くための水道の水質などは，お好み焼きの味に影響を与えることが予想されるが，これらの条件を一定に保つことは，技術的・経済的に困難であり，結果の有効性もほとんどない．このように実験で条件を設定しない要因の集まりを誤差と呼ぶ．精密実験では誤差も制御することによって，誤差の値を限りなく小さくすることを考えるが，この実験では誤差を制御することは諦めたうえで，誤差の大きさを見積もることを考える．誤差の大きさは，同一条件で実験を繰り返すことによって評価できると考えるのである．

　一個が80円，300円，500円の肉まんがあり，どの肉まんが美味しいかを実験することになったとする．常識的に値段が高いほど美味しいことが予想されるが，実験の結果は，「80円，300円，500円の順に美味しい」となって，この予測とは異なってしまった．しかし，食べる順番が80円，300円，500円であったとすると，この結果はうなずける．安い肉まんでも空腹で食べれば美味しく感じるだろうし，500円の肉まんは，すでに二個の肉まんを食べ終えた満腹感で，あまり美味しくは感じない．こうして美味しさに順序効果が生じたために，予想とは異なる結果になったことが考えられる．実験誤差は，実験結果に系統的に混入すると考えられる．例えば，朝一番は設備も冷えており，実験

第1章　実験計画法とは

を進めるにつれて調子が良くなるかもしれない．実験者も最初は慣れていないために特性は悪いかもしれない．こうしたことを考えて実験結果に系統的に混入する誤差を確率化し，統計処理が可能にする必要がある．誤差の確率化は実験順序の無作為化(完全ランダマイズ)で実現できる．

第2章
統計的方法の基礎

2.1 統計的方法

2.1.1 母集団と試料(サンプル)

　実験の実施結果から処置をとる対象の集まりを母集団と呼ぶ．母集団を構成する要素の個数が有限個の場合を有限母集団，無限個の場合を無限母集団と呼ぶ．例えば一日に1,000本の部品を塗装したときに，1,000本の部品の集まりを母集団と仮定すれば母集団は1,000本で構成されるので有限母集団である．これに対して，塗膜厚を厚くするために塗料粘度を変更して試しに10本を塗装した場合には，10本の集団を母集団とは考えず，塗料粘度を変更した工程から抜き取られた試料と考える．変更後の工程から今後塗装されるであろう部品が母集団の構成要素と考えるので，構成要素の数は無限と考えられ，母集団は無限母集団となる．実験計画法ではこのように仮想的な母集団を扱うことが多い．

　母集団の定量的な性質を表すものに母数がある．母数は母集団の構成要素のすべてを観測すればその値が知れる．母集団が無限母集団であるかあるいは有限母集団ではあるが何かの都合ですべてが観測できない場合には，母数を推測する手がかりとして母集団から構成要素の一部分を抜き取って観測する．母集団からその構成要素の一部分を抜き取ることをサンプリングと呼び，抜き取られた構成要素を試料と呼ぶ．試料を観測するとデータが得られ，データをまとめたものを統計量と呼ぶ．得られた統計量の値から知りたい母数の値を推測する．この推測方法には，仮説検定，推定，予測がある．母集団と試料の関係を

第2章　統計的方法の基礎

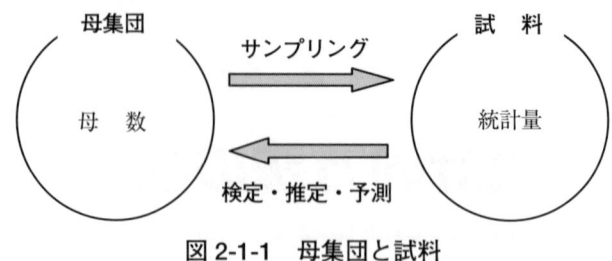

図 2-1-1　母集団と試料

図 2-1-1 に示す．

2.1.2　誤差

母集団からサンプルを抜き取るときに，どの構成要素が抜き取られるかによって実験する試料が異なる．これをサンプリング誤差と呼ぶ．また選ばれた試料の測定方法によっても測定値が異なる．これを測定誤差と呼ぶ．このように我々が手にするデータには少なくとも 2 種類の誤差がついているが，ここでさらに実験に取り上げていない要因の影響を総称して実験誤差といい，「実験データには実験誤差が含まれる」と考える．統計的方法は，このような誤差を伴うデータを処理する場合に有効なデータ処理方法である．

2.1.3　統計量の計算

実験データを y_i で表す．添え字 i は実験データの繰り返しを識別する添え字である．n 個のデータ $y_1, \cdots, y_i, \cdots, y_n$ について，いくつかの基本的な統計量を示す．

(1)　平均値(mean)　$\bar{y}$

n 個のデータの総和をデータ数で割ったものを平均値という．

$$\bar{y} = \frac{y_1 + y_2 + \cdots + y_i + \cdots + y_n}{n} = \frac{\sum_{i=1}^{n} y_i}{n} \tag{2.1.1}$$

(2) 平方和(sum of squares) S

個々の値と平均値との偏差の二乗の和を平方和という．

$$S = (y_1-\overline{y})^2 + (y_2-\overline{y})^2 + \cdots + (y_i-\overline{y})^2 + \cdots + (y_n-\overline{y})^2$$

$$= \sum_{i=1}^{n}(y_i-\overline{y})^2 \qquad (2.1.2)$$

(3) 分散(variance) V

平方和 S を $n-1$ で割ったものを分散という．

$$V = \frac{S}{n-1} \qquad (2.1.3)$$

分母の $n-1$ を自由度と呼び，これを ϕ で表す．

例 2-1

塗膜厚について測定したところ次の値が得られた．

6.8　8.1　6.7　7.1　7.3　7.8　8.4　7.6　8.3　6.9 (mm)

まず，基本統計量を求めてみよう．

平均値

$$\overline{y} = \frac{6.8+8.1+6.7+7.1+7.3+7.8+8.4+7.6+8.3+6.9}{10} = \frac{75.0}{10} = 7.50$$

平均値は測定値よりも一桁下まで表示するのがふつうである．

平方和

ここで，平均値からの偏差を求める．

−0.7　0.6　−0.8　−0.4　−0.2　0.3　0.9　0.1　0.8　−0.6

$$S = (-0.7)^2 + 0.6^2 + (-0.8)^2 + (-0.4)^2 + (-0.2)^2 + 0.3^2 + 0.9^2 + 0.1^2$$
$$\quad + 0.8^2 + (-0.6)^2$$
$$= 3.60$$

第2章 統計的方法の基礎

分散

$$V = \frac{3.60}{9} = 0.400$$

Excel による統計量の計算

Excel での基本統計量の関数は表 2-1-1 のようになる．

表 2-1-1　統計量の関数

統計量	関　数
平均値	=AVERAGE(データ範囲)
平方和	=DEVSQ(データ範囲)
分散	=VAR(データ範囲)

A 列にデータを入力し，C 列に関数を入力する(図 2-1-2，図 2-1-3)．

	A	B	C
1	6.8	平均値	7.50
2	8.1	平方和	3.60
3	6.7	分散	0.400
4	7.1		
5	7.3		
6	7.8		
7	8.4		
8	7.6		
9	8.3		
10	6.9		

図 2-1-2　データの入力

	A	B	C
1	6.8	平均値	=AVERAGE(A1:A10)
2	8.1	平方和	=DEVSQ(A1:A10)
3	6.7	分散	=VAR(A1:A10)

図 2-1-3　関数の入力

2.1.5 母数と統計量

母数と統計量の対応関係を図 2-1-4 に示す．母集団での母平均は μ で表し，母分散は σ^2 で表す．

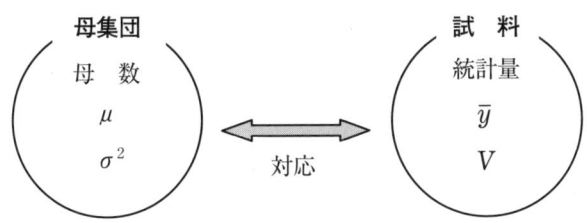

図 2-1-4　母数と統計量

2.2 データの分布

2.2.1 データの種類

実験で得られるデータを大別すると計量値のデータと計数値のデータとに分かれる．計量値のデータとは寸法，重量，硬さ等の連続量で計られるデータであり，計数値のデータとは不良個数，不良率，欠点数等の離散量で計られるデータである．

2.2.2 期待値と分散

確率分布のもつ特徴を表現する尺度に期待値と分散がある．確率変数 Y の期待値 $E(Y)$ は計数値の場合には確率変数のとりうる値 y_i にその確率 p_i をかけて加えた式 (2.2.1) によって，計量値の場合には確率変数 y とそれが従う確率密度関数 $f(y)$ の積を積分した式 (2.2.2) によって定義される．この期待値は分布の位置を表す尺度である．

$$\text{計数値の場合} \quad E(Y) = \sum_{i=1}^{n} y_i p_i \qquad (2.2.1)$$

第2章 統計的方法の基礎

$$計量値の場合 \quad E(Y) = \int_{-\infty}^{+\infty} y f(y)\, dy \tag{2.2.2}$$

分散 $V(Y)$ は計数値の場合には式(2.2.3)によって，計量値の場合には式(2.2.4)によって定義される．分散は分布がもつ期待値回りのばらつきを表す尺度である．

$$計数値の場合 \quad V(Y) = \sum_{i=1}^{n} p_i \{y_i - E(y)\}^2 \tag{2.2.3}$$

$$計量値の場合 \quad V(Y) = \int_{-\infty}^{+\infty} \{y - E(y)\}^2 f(y)\, dy \tag{2.2.4}$$

分散の正の平方根を $D(Y)$ で表し，標準偏差と呼ぶ．

$$D(Y) = \sqrt{V(Y)} \tag{2.2.5}$$

期待値と分散は次の性質をもつ．2つの確率変数 Y_1 と Y_2 とが互いに独立で，a，b を定数とすると

$$E(aY_1 \pm bY_2) = aE(Y_1) \pm bE(Y_2) \tag{2.2.6}$$
$$V(aY_1 \pm bY_2) = a^2 V(Y_1) + b^2 V(Y_2) \tag{2.2.7}$$

となる．分散の性質については分散の加法性と呼ばれる．

軸受けにシャフトを挿入したときの隙間は，軸受けの内径 Y_1 からシャフトの外径 Y_2 を引くことによって求められる．隙間 $Y_1 - Y_2$ の期待値と分散は以下のようになる．

$$E(Y_1 - Y_2) = E(Y_1) - E(Y_2)$$
$$V(Y_1 - Y_2) = V(Y_1) + V(Y_2)$$

2.2.3 正規分布

計量値のデータには正規分布が仮定される．正規分布の確率密度関数 $f(y)$ は式(2.2.8)で表される．

$$f(y) = \frac{1}{\sqrt{2\pi}\sigma} e^{-\frac{(y-\mu)^2}{2\sigma^2}} \tag{2.2.8}$$

正規分布の期待値，分散，標準偏差は式(2.2.9)で表される．

$$E(Y) = \mu$$
$$V(Y) = \sigma^2 \qquad (2.2.9)$$
$$D(Y) = \sigma$$

期待値 μ,分散 σ^2 の正規分布に従う確率変数 Y についての変換式 (2.2.10) を標準化の式と呼ぶ.

$$u = \frac{Y - \mu}{\sigma} \qquad (2.2.10)$$

確率変数 u は期待値 0,分散 1^2 の標準正規分布に従う.

2.3 統計量の分布

2.3.1 平均値の分布

正規分布 $N(\mu, \sigma^2)$ からランダムにとられた n 個のサンプルの平均値 $\bar{y}$ の期待値と分散は,式 (2.3.1) のようになる.

$$E(\bar{y}) = E\left(\frac{\sum y_i}{n}\right) = \frac{1}{n} E\left(\sum y_i\right) = \frac{1}{n}\{E(y_1) + E(y_2) + \cdots + E(y_n)\}$$

$$= \frac{1}{n} n \mu = \mu$$

$$V(\bar{y}) = V\left(\frac{\sum y_i}{n}\right) = \frac{1}{n^2} V\left(\sum y_i\right) = \frac{1}{n^2}\{V(y_1) + V(y_2) + \cdots + V(y_n)\}$$

$$= \frac{1}{n^2} n \sigma^2 = \frac{\sigma^2}{n} \qquad (2.3.1)$$

母集団が正規分布のときには,$\bar{y}$ の分布も正規分布になる.なお,n が大きくなると,母集団が正規分布でなくても,$\bar{y}$ の分布は正規分布に近くなる(図 2-3-1).

第 2 章 統計的方法の基礎

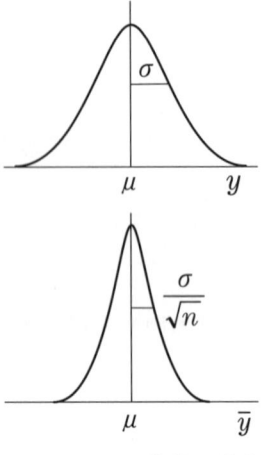

図 2-3-1 平均値の分布

平均値の分布での標準化の式は，分子はそのままであるが，分母が平均値の標準偏差（標準誤差ともいう）となる．

$$u = \frac{\bar{y} - \mu}{\frac{\sigma}{\sqrt{n}}} \tag{2.3.2}$$

2.3.2 t 分布

正規分布 $N(\mu, \sigma^2)$ からランダムにとられた n 個のサンプルの平均値 $\bar{y}$ を式 (2.3.3) で変換した t は，自由度 $\phi = n - 1$ の t 分布に従う．

$$t = \frac{\bar{y} - \mu}{\sqrt{\frac{V}{n}}} \tag{2.3.3}$$

自由度 ϕ の t 分布の両側確率 α の点を $t(\phi, \alpha)$ で表す（図 2-3-2）．

2.3 統計量の分布

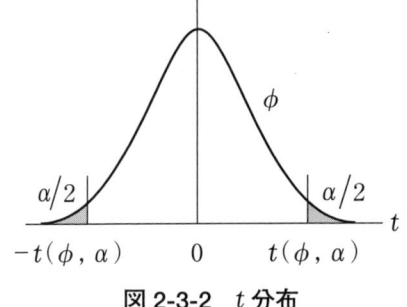

図 2-3-2 t 分布

t 分布での確率と％点は Excel の関数を用いて求めることができる（図 2-3-3）．
 自由度 ϕ の t 分布で $-t$ 以下および t 以上の確率：＝TDIST($t, \phi, 2$)
 自由度 ϕ の t 分布で両側 100α ％点：＝TINV(α, ϕ)

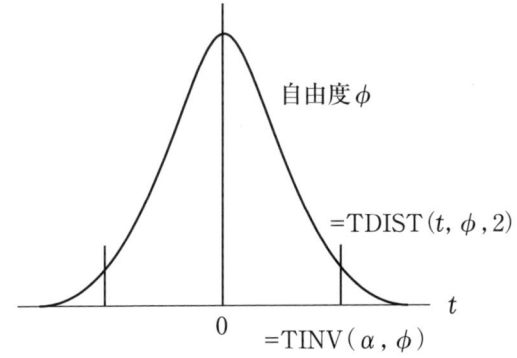

図 2-3-3 Excel 関数

2.3.3 F 分布

分散が等しい 2 つの正規分布 $N(\mu_1, \sigma^2)$ および $N(\mu_2, \sigma^2)$ から，それぞれランダムにとられた n_1 個および n_2 個のサンプルから得られた分散を，それぞれ V_1, V_2 とすると，分散比 F は式(2.3.4)のようになり，

$$F = \frac{V_1}{V_2} \tag{2.3.4}$$

第 1 自由度 $\phi_1 = n_1 - 1$，第 2 自由度 $\phi_2 = n_2 - 1$ の F 分布に従う．

第 2 章　統計的方法の基礎

第 1 自由度 ϕ_1，第 2 自由度 ϕ_2 の F 分布の上側確率 α の点は $F(\phi_1, \phi_2 ; \alpha)$ で表す（図 2-3-4）．

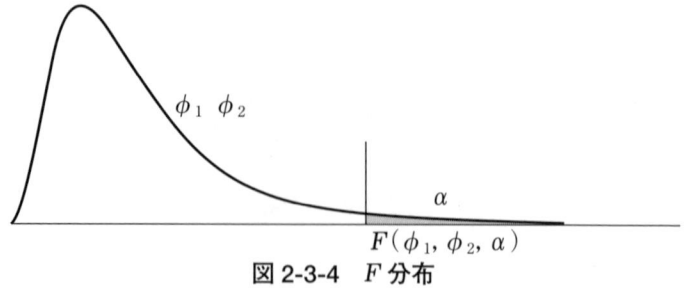

図 2-3-4　F 分布

F 分布での確率と % 点は Excel の関数を用いて求めることができる（図 2-3-5）．

自由度 ϕ_1，ϕ_2 の F 分布で F 以上の確率：=FDIST(F, ϕ_1, ϕ_2)
自由度 ϕ_1，ϕ_2 の F 分布で上側 100α % 点：=FINV(α, ϕ_1, ϕ_2)

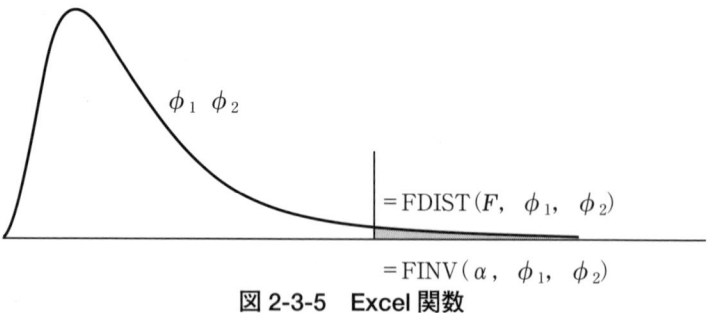

図 2-3-5　Excel 関数

2.4　Excel による確率の計算

2.4.1　確率を算出する関数

Excel には，各種の分布ごとに確率とパーセント点を算出するための関数が用意されている．

2.4　Excelによる確率の計算

① 標準正規分布において，ある値 K 以下の数値が出現する確率
=NORMSDIST(K)
② 標準正規分布において，ある値以下の確率が α となる点(100 α パーセント点)
=NORMSINV(α)
③ 自由度 ϕ の t 分布において，ある値 K 以上の数値が出現する確率
=TDIST($K, \phi, 1$)
④ 自由度 ϕ の t 分布において，ある値 K 以上，および，$-K$ 以下の数値が出現する確率
=TDIST($K, \phi, 2$)
⑤ 自由度 ϕ の t 分布において，ある値以上，および以下の確率が α となる点
=TINV(α, ϕ)
⑥ 第1自由度 ϕ_1，第2自由度 ϕ_2 の F 分布において，ある値 K 以上の数値が出現する確率
=FDIST(K, ϕ_1, ϕ_2)
⑦ 第1自由度 ϕ_1，第2自由度 ϕ_2 の F 分布において，ある値以上の確率が α となる点
=FINV(α, ϕ_1, ϕ_2)

2.4.2　実際例

以上の関数を使い，次の数値を計算した結果は図 **2-4-1** のようになる．

① $N(0, 1^2)$ で，-1.96 以下の値が得られる確率 a
② $N(0, 1^2)$ で，1.645 以上の値が得られる確率 b
③ $t(20, 0.05) = c$　　$t(10, d) = 2.22$
④ $F(20, 15 ; 0.05) = e$　　$F(15, 25 ; f) = 2.34$

第2章 統計的方法の基礎

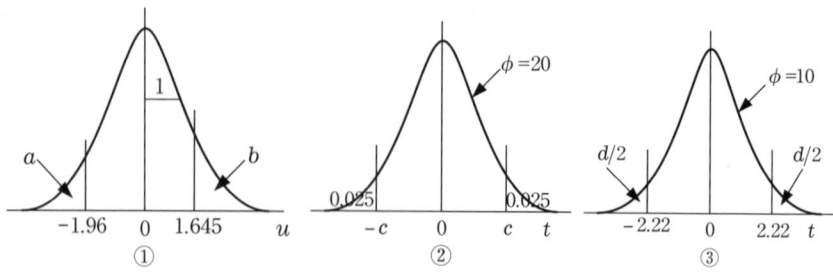

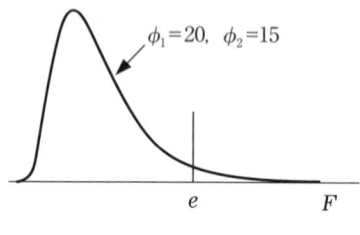

④

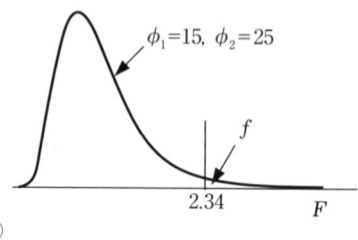

■ Excel での求め方

	A	B
1	a	0.024998
2	b	0.049985
3	c	2.085963
4	d	0.050695
5	e	2.327535
6	f	0.029087

	A	B
1	a	＝NORMSDIST(-1.96)
2	b	＝1-NORMSDIST(1.645)
3	c	＝TINV(0.05,20)
4	d	＝TDIST(2.22,10,2)
5	e	＝FINV(0.05,20,15)
6	f	＝FDIST(2.34,15,25)

図 2-4-1　確率とパーセント点の計算

2.5　検定

2.5.1　検定の考え方

次の事例を考えよう．電気素子を開発しているが，材質の変更に伴い電気抵抗値が変化する可能性が生じた．そこで，材質の変更によって電気抵抗値の母

2.5 検定

平均が変化するかどうかを知るために，材質を変更して 10 個のサンプルを作成し電気抵抗値を測定した．計測した結果は，31，27，29，24，30，23，30，21，34，32(Ω)であった．従来の材質での電気抵抗値は 30.0(Ω)であり，10個のサンプルの平均値は 28.1(Ω)であるので変化したように見えるが，測定値が不揃いで判断しかねる．このようなばらつきをもったデータから母数について判断を行うには仮説検定が役立つ．

仮説検定とは，母数に対する仮説を立てたうえで，サンプルから求まる統計量の値から仮説が成り立つかどうかを判断する方法である．検定に使う仮説は「変更後の電気抵抗値の母平均は従来の値と同じである」ことを仮定する．これを帰無仮説あるいは検定仮説と呼び H_0 で表す．

$$H_0 : \mu = \mu_0 \quad (\mu_0 = 30.0)$$

帰無仮説が成り立っており，電気抵抗値のばらつき σ がわかっていることが仮定できれば電気抵抗値は次の分布に従う．ここではばらつきが $\sigma = 3.0$ であるとする．さらに，測定値と平均値 $\bar{y} = 28.1$ を記入する(図 2-5-1)．

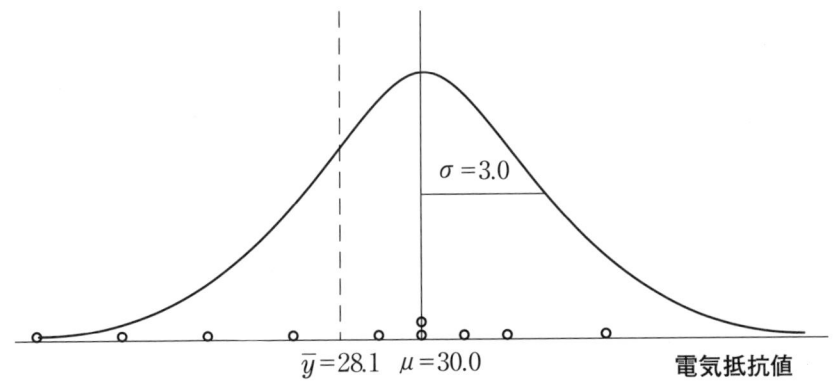

図 2-5-1 帰無仮説上での図

平均値 $\bar{y} = 28.1$ と仮説値 $\mu = 30.0$ の差が，統計的に意味があるだけ大きいかどうかを検討する．平均値の分布を用いて標準化してみる．

第2章 統計的方法の基礎

$$u_o = \frac{\bar{y} - \mu_0}{\frac{\sigma}{\sqrt{n}}} = \frac{28.1 - 30.0}{\frac{3.0}{\sqrt{10}}} = -2.00 \tag{2.5.1}$$

この u_o を検定統計量と呼ぶ．検定統計量は帰無仮説 H_0 が成り立てば標準正規分布に従うので，検定統計量の生起確率を求め，この確率が5％よりも小さければ帰無仮説は成り立たないと判断する．今回の例では生起確率を計算すると約2％となるので，帰無仮説は成り立たないと判断する（図2-5-2）．

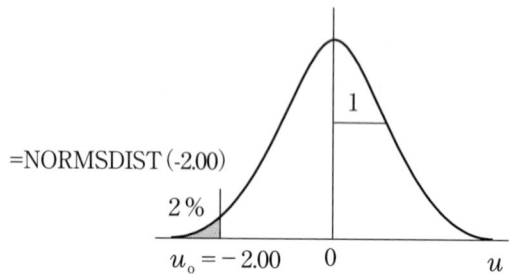

図2-5-2 標準正規分布での確率

判断に使う確率の大きさを有意水準あるいは危険率と呼び，α で表す．生起確率の値が有意水準（危険率）以下の場合には，起こる確率が5％以下のような起こりにくい事象が起こったと考えるのではなく，帰無仮説が成り立っていないために見かけ上その確率が小さくなったと判断し，帰無仮説を棄却する．

帰無仮説を棄却した場合に採択する仮説を立てておく必要がある．この仮説を対立仮説と呼び，H_1 で表す．

　　$H_1 : \mu \neq \mu_0$

以上より次のような検定規則が導き出される．

　手順1　仮説と有意水準の設定

　　$H_0 : \mu = \mu_0$（μ_0：基準値）

　　$H_1 : \mu \neq \mu_0$（両側仮説）

　　有意水準：α

2.5 検定

手順2 検定統計量の計算

$$u_o = \frac{\bar{y} - \mu_0}{\frac{\sigma}{\sqrt{n}}} \tag{2.5.2}$$

手順3 判定

　　検定統計量の生起確率を計算し，値が有意水準以下であったら帰無仮説を棄却し，対立仮説を採択する．

検定統計量の生起確率を直接に計算するのではなく次のような手続きもある．標準正規分布を帰無仮説を棄却する棄却域と帰無仮説を採択する採択域とに分けておき，検定統計量の値が棄却域に落ちるかどうかを判断し，

$$H_1 : \mu \neq \mu_0 \text{の棄却域}\quad R : |u_0| \geq u(\alpha) \tag{2.5.3}$$

検定統計量の値が棄却域に落ちたならば，帰無仮説 H_0 を棄却し，対立仮説 H_1 を採択する．標準正規分布で両側確率が α となるパーセント点を $u(\alpha)$ と書く．

今回の例では

$$|u_o| = 2.00 > u(0.05) = 1.96$$

なので，有意水準5%で帰無仮説が棄却され，対立仮説が採択される（図2-5-3）．

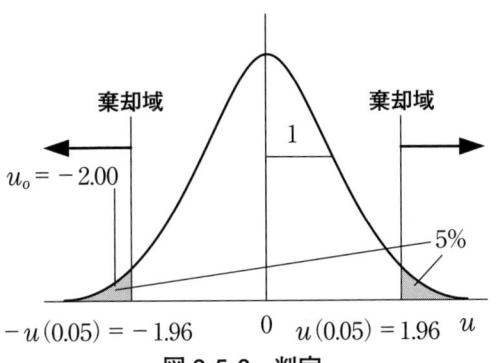

図 2-5-3　判定

したがって，「材質の変更によって電気抵抗値の母平均は変化した」ことが結論される．

第2章 統計的方法の基礎

2.5.2 検定での誤り

仮説検定では検定統計量の生起確率で帰無仮説を棄却するかどうかを判断しているので，誤りを犯している可能性がある．これを表 2-5-1 に示す．

表 2-5-1 検定での誤り

真実＼判断	H_0	H_1
H_0	○	第1種の誤り
H_1	第2種の誤り	◎

第1種の誤りは，帰無仮説が成り立っているにもかかわらず，これを棄却する誤りであり，アワテモノの誤りとも呼ばれる．この誤りを犯す確率が危険率（有意水準）α である．

第2種の誤りは，帰無仮説が成り立っていないにもかかわらず，これを棄却しない誤りであり，ボンヤリモノの誤りとも呼ばれる．この確率を β で表す．

表中の◎は帰無仮説が成り立っていないときに，これを正しく棄却する部分であり，確率は $1-\beta$ となる．これを検出力と呼ぶ．

2.5.3 Excel での解法

電気抵抗値の母平均の検定について図 2-5-4，図 2-5-5 のように Excel での解法を示す．

	A	B	C	D
1	電気抵抗値			
2	31	データの数	n	10
3	27	仮説値	$\mu 0$	30
4	29	標準偏差	σ	3
5	24	有意水準	α	0.05
6	30	平均値	xbar	28.1
7	23	検定統計量	uo	-2.00
8	30	生起確率		0.05
9	21	限界値	$-u(\alpha)$	-1.96
10	34			
11	32			

図 2-5-4 母平均検定

2.6 推定

	B	C	D
1			
2	データの数	n	=COUNT(A2:A11)
3	仮説値	$\mu 0$	30
4	標準偏差	σ	3
5	有意水準	α	0.05
6	平均値	xbar	=AVERAGE(A2:A11)
7	検定統計量	uo	=(D6-D3)/(D4/SQRT(D2))
8	生起確率		=NORMSDIST(D7)*2
9	限界値	-u(α)	=NORMSINV(D5/2)

図 2-5-5 検定の内容

NORMSDIST 関数は，片側確率が求まるので，生起確率は，結果を2倍して両側確率とする．NORMSINV は片側5%の値が求まるので，両側5%とするために，$\alpha/2$ とする．

2.6 推定

仮説検定では，帰無仮説が成り立つかどうかだけの判断であるが，意志決定を行うにはこれのみでは不十分である．例えば材質の変更によって低下する電気抵抗値の程度によって変更の必要性が変わる．このために母平均の値を知る必要があり，サンプルから得られた統計量の値から母数の値を推測することを推定と呼ぶ．推定には点推定と区間推定とがある．

2.6.1 点推定

点推定とは「母数の値はある値に近い」というように母数の値をある具体的な1つの値で推定する方法である．

母平均 μ を推定するには平均 $\bar{y}$ を使う．

$$\hat{\mu} = \bar{y} = \frac{\sum y_i}{n} \tag{2.6.1}$$

第 2 章　統計的方法の基礎

推定に使う統計量を推定量と呼ぶ．推定量として平均 $\bar{y}$ を利用する理由は，平均の期待値が μ に一致するからである．

$$E(\bar{y}) = \mu$$

平均 $\bar{y}$ のように統計量の期待値が母数に一致する推定量を不偏推定量と呼ぶ．

母分散 σ^2 の不偏推定量は分散 V である．

$$\hat{\sigma}^2 = V = \frac{S}{n-1} \tag{2.6.2}$$

検定の例での材質変更後の電気抵抗値の母平均は

$$\hat{\mu} = \bar{y} = \frac{\sum y_i}{n} = 28.1 \quad (\Omega)$$

と推定される．

2.6.2　区間推定

サンプルから得られた統計量はサンプルを変えれば値が変化する．この統計量のばらつきを誤差分散あるいは標準誤差と呼ぶ．例えば平均 $\bar{y}$ の誤差分散 $V(\bar{y})$ と標準誤差 $D(\bar{y})$ は平均の分布から次のようになる．

$$V(\bar{y}) = \frac{\sigma^2}{n}$$

$$D(\bar{y}) = \frac{\sigma}{\sqrt{n}}$$

統計量のばらつきを考慮して，「ある確率で母数の値はある区間に含まれる」というようにある確率で母数の値を含む区間を推定する方法を区間推定という．ここで「ある確率」を信頼率と呼び，記号 $1-\alpha$ で表す．信頼率は 95％ あるいは 99％ を用いることが多い．また，ここで得られた区間を信頼区間と呼ぶ．信頼区間の値の大きいほうを上側信頼限界 μ_U，小さいほうを下側信頼限界 μ_L と呼ぶ．

信頼限界は，標準正規分布の次の式を

$$Pr(-u(\alpha) \leq \frac{\bar{y}-\mu}{\frac{\sigma}{\sqrt{n}}} \leq u(\alpha)) = 1-\alpha$$

として，μ について解くと，

$$\bar{y} \pm u(\alpha)\frac{\sigma}{\sqrt{n}} \tag{2.6.3}$$

と求まる(図 2-6-1)．

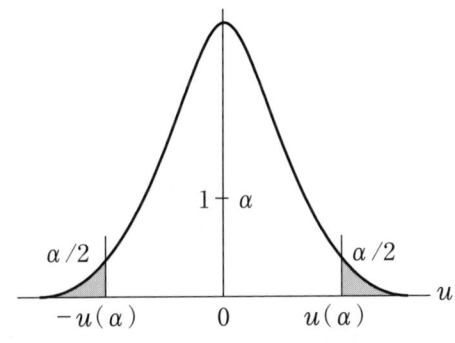

図 2-6-1　信頼限界の導出

以上よりこの例における材質変更後の電気抵抗値の信頼限界は

$$\bar{y} \pm u(\alpha)\frac{\sigma}{\sqrt{n}} = 28.1 \pm 1.96 \times \frac{3.0}{\sqrt{10}} = 26.2, \ 30.0 (\Omega)$$

と求まる．

2.6.3　Excel での解法

電気抵抗値の母平均を Excel を使って推定する(図 2-6-2)．

第 2 章　統計的方法の基礎

■点推定

	B	C	D
12	点推定	xbar	28.1
13	信頼率	1-α	0.95
14	上側信頼限界	μu	30.0
15	下側信頼限界	μL	26.2

■区間推定

	B	C	D
12	点推定	xbar	=AVERAGE(A2:A11)
13	信頼率	1-α	0.95
14	上側信頼限界	μu	=D12+ABS(NORMSINV((1-D13)/2))*D4/SQRT(D2)
15	下側信頼限界	μL	=D12-ABS(NORMSINV((1-D13)/2))*D4/SQRT(D2)

図 2-6-2　推定の内容

　信頼率は，NORMSINV 関数は下側％点が求まるので，上側％とするために $1-\alpha$ とし，さらに片側確率を両側確率とするために $(1-\alpha)/2$ とする．

2.7　実験データの解析

2.7.1　実験データ

　ある特性についての影響を調べるために取り上げる要因を因子と呼ぶ．因子の影響を知るためには因子の条件をいくつか変えて実験を実施し，特性を観察する（実験データを得る）必要がある．この変化させた条件を水準と呼ぶ．特性に影響を及ぼす要因は取り上げている因子以外にも考えられ，これらをまとめて実験誤差と呼ぶ．特性値を y，因子のある水準での特性値の真値を μ，実験誤差の大きさを ε とすると実験データは式(2.7.1)で表現できる．

$$y = \mu + \varepsilon \tag{2.7.1}$$

　実験誤差には，不偏性，独立性，等分散性，正規性が仮定され，

$$\varepsilon \sim N(0, \sigma_e^2) \tag{2.7.2}$$

とする（図 2-7-1）．

2.7 実験データの解析

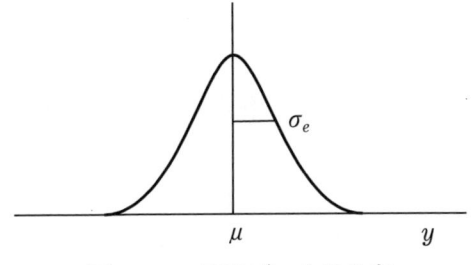

図 2-7-1 実験データの分布

真値 μ と実験誤差 ε とを分離するには,実験を繰り返す必要がある.繰り返しの添え字を i とすると,データの構造式は

$$y_i = \mu + \varepsilon_i \tag{2.7.3}$$

となる.これより真値は,繰り返しのデータの平均で見積もる.繰り返し数を n として,真値の推定値は

$$\hat{\mu} = \bar{y}. = \frac{\sum y_i}{n} \tag{2.7.4}$$

である.

個々のデータと水準での平均とのずれを実験誤差と考える.実験誤差の推定値 $\hat{\varepsilon}_i$ は

$$\hat{\varepsilon}_i = y_i - \bar{y}. \tag{2.7.5}$$

である(図 2-7-2).

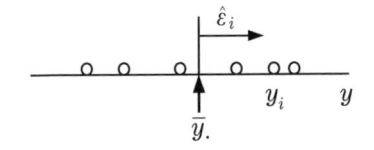

図 2-7-2 実験データ

2.7.2 差の検定

ある製品の収率を向上させるために 2 水準の反応条件を取り上げて実験した

第2章 統計的方法の基礎

とする．反応条件の因子記号を A で，2水準をそれぞれ A_1，A_2 で表し，各水準での繰り返し数を n とする．

各水準での収率の真値を μ_1，μ_2，各水準での実験誤差を ε_{ij} として，実験データには次の構造式を仮定する．

$$y_{ij} = \mu_i + \varepsilon_{ij} \quad (i=1, 2, j=1, 2, \cdots, n) \tag{2.7.6}$$

実験データの解析は反応条件が収率に影響を及ぼすかどうかの検証から始める．仮説としては，反応条件は収率に影響を及ぼさない事を仮定する．すなわち，水準間で真値に差がないと仮定し，次のように帰無仮説 H_0 を設定する．

$H_0: \mu_1 = \mu_2$

さらに，帰無仮説を棄却したときに採用する対立仮説 H_1 を設定する．

$H_1: \mu_1 \neq \mu_2$

仮説の検証のためにはそれぞれの真値を見積もる必要があり，繰り返しのデータから平均を計算し，これで真値を見積もる．

$$\hat{\mu}_1 = \bar{y}_{1.} = \frac{\sum y_{1j}}{n} \qquad \hat{\mu}_2 = \bar{y}_{2.} = \frac{\sum y_{2j}}{n}$$

この差 $\bar{y}_{1.} - \bar{y}_{2.}$ を使って仮説を検証する（図 2-7-3）．

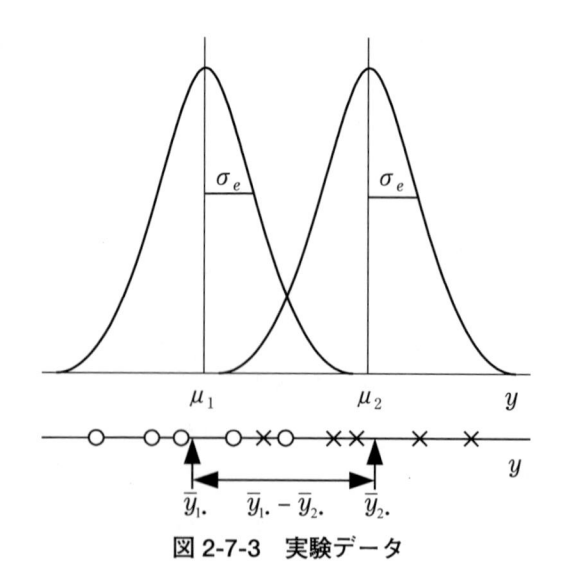

図 2-7-3　実験データ

2.7 実験データの解析

実験データから求まる差 $\bar{y}_{1\cdot} - \bar{y}_{2\cdot}$ は統計量であり，実験を行うたびに実験誤差のために値が変化してしまう．真値の差 $\mu_1 - \mu_2$ の有無を判断するには差 $\bar{y}_{1\cdot} - \bar{y}_{2\cdot}$ の標準誤差を求める必要がある．標準誤差は差の分散の平方根を開いたものであり，分散が

$$V(\bar{y}_{1\cdot} - \bar{y}_{2\cdot}) = V(\bar{y}_{1\cdot}) + V(\bar{y}_{2\cdot}) = \frac{\sigma_e^2}{n} + \frac{\sigma_e^2}{n} = \frac{2\sigma_e^2}{n}$$

なので，標準誤差は

$$D(\bar{y}_{1\cdot} - \bar{y}_{2\cdot}) = \sqrt{V(\bar{y}_{1\cdot} - \bar{y}_{2\cdot})} = \sqrt{\frac{2\sigma_e^2}{n}} \tag{2.7.7}$$

となる．

差 $\bar{y}_{1\cdot} - \bar{y}_{2\cdot}$ をその標準誤差 $D(\bar{y}_{1\cdot} - \bar{y}_{2\cdot})$ で割ったものは標準正規分布に従う (図 2-7-4)．

$$u_o = \frac{\bar{y}_{1\cdot} - \bar{y}_{2\cdot}}{\sqrt{\dfrac{2\sigma_e^2}{n}}} \sim N(0, 1^2) \tag{2.7.8}$$

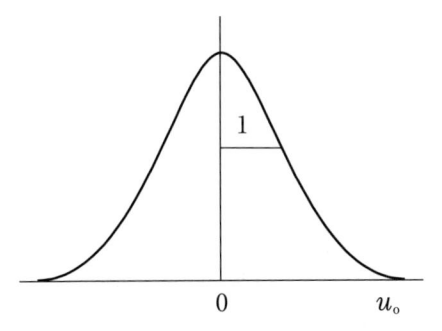

図 2-7-4 検定統計量の分布

ここで実験誤差の大きさ σ_e^2 は一般的には未知なので，実験データからその値を推測する．先に述べたように実験誤差は繰り返しのデータと平均との偏差で見積もることができるので，まず誤差平方和を次のように求める．

$$S_e = \sum (y_{1j} - \bar{y}_{1\cdot})^2 + \sum (y_{2j} - \bar{y}_{2\cdot})^2$$

第2章 統計的方法の基礎

誤差平方和の自由度ϕ_eは，それぞれの繰り返しのデータの偏差について和が0となるので

$$\sum(y_{1j} - \overline{y}_{1.}) = 0$$

$$\sum(y_{2j} - \overline{y}_{2.}) = 0$$

$$\phi_e = 2(n-1)$$

である．したがって，誤差分散は

$$V_e = \frac{S_e}{\phi_e}$$

となる．

この誤差分散を用いて標準誤差とすると検定統計量は

$$t_0 = \frac{\overline{y}_{1.} - \overline{y}_{2.}}{\sqrt{\frac{2V_e}{n}}} \tag{2.7.9}$$

となる．t_0は帰無仮説が成り立てば自由度ϕ_eのt分布に従う．

$$t_0 = \frac{\overline{y}_{1.} - \overline{y}_{2.}}{\sqrt{\frac{2V_e}{n}}} \sim t(\phi_e) \tag{2.7.10}$$

帰無仮説が成り立たず，収率に対して反応条件が影響を及ぼせば平均の差の絶対値は大きめに出るはずであり，$|t_0|$の値も大きくなるはずである．帰無仮説が成立するかどうかの判断基準として生起確率を用いる．すなわち，帰無仮説が成り立つと仮定してt_0の値を求め，t分布上での生起確率がαより小さくなったときに帰無仮説が成り立たないと判断する規則を考える．すなわち，

$$Pr(t \geq |t_0|) \leq \alpha \tag{2.7.11}$$

であれば帰無仮説を棄却し，反応条件は収率に影響を及ぼしていると判断する．

2.7.3 Excel での解法

例 2-2

ある製品の収率を向上させるために 2 水準の反応条件を取り上げて実験を行った．各水準での繰り返し数を 10 回とし，計 20 回の実験順序はランダムな順とした．実験で得られた収率を表 2-7-1 に示す．反応条件によって収率が異なるかどうかを解析する．

表 2-7-1　実験データ

| A_1 | 42.0 | 44.4 | 41.8 | 43.2 | 41.7 | 42.5 | 43.0 | 41.1 | 40.9 | 43.6 |
| A_2 | 44.5 | 43.3 | 42.0 | 43.7 | 44.1 | 42.3 | 42.8 | 44.6 | 42.9 | 45.2 |

① 水準数，繰り返し数，有意水準を入力する（図 2-7-5）．

	A	B
1	a=	2
2	n=	10
3	$\alpha =$	0.05

図 2-7-5　準備

② 実験データを入力する（図 2-7-6）．

	C	D
1	A1	A2
2	42.0	44.5
3	44.4	43.3
11	43.6	45.2

図 2-7-6　データの入力

③ 平均と偏差の計算（図 2-7-7）．
　各水準での平均を計算する．

第 2 章　統計的方法の基礎

	B	C	D		B	C	D
12	平均	42.42	43.54	12	平均	=AVERAGE(C2:C11)	=AVERAGE(D2:D11)

図 2-7-7　平均の計算

④　誤差の計算（図 2-7-8）．

誤差を求めるために，各水準での繰り返しのデータと平均との偏差を計算する．

	E	F		E	F
1	A1	A2	1	A1	A2
2	-0.42	0.96	2	=C2-$C$12	=D2-$D$12
3	1.98	-0.24	3	=C3-$C$12	=D3-$D$12
12	0.00	0.00	12	=SUM(E2:E11)	=SUM(F2:F11)

図 2-7-8　誤差の計算

⑤　誤差平方和，自由度，分散の計算（図 2-7-9）．

偏差の 2 乗和から誤差平方和を計算し，自由度で割って誤差分散を求める．

	B	C		B	C
13	S_e	21.460	13	S_e	=SUMSQ(E2:F11)
14	ϕ_e	18	14	ϕ_e	=2*(B2-1)
15	V_e	1.192	15	V_e	=C13/C14

図 2-7-9　誤差平方和，自由度，分散の計算

⑥　検定統計量，生起確率，限界値の計算（図 2-7-10）．

検定統計量の値を計算し，その値の生起確率を求める．また，棄却限界も求める．

2.7 実験データの解析

	B	C
16	検定統計量	2.294
17	生起確率	0.034
18	限界値	2.101

	B	C
16	検定統計量	=ABS((C12-D12)/SQRT(2*C15/B2))
17	生起確率	=TDIST(C16,C14,2)
18	限界値	=TINV(B3,C14)

図 2-7-10　検定統計量，生起確率，限界値の計算

生起確率が0.034と5％よりも小さいので有意となり，帰無仮説を棄却して対立仮説を採用する．したがって，反応条件によって収率の母平均が異なると判断される．

2.7.4　推定
(1)　各水準での推定

差の検定の結果，差が有意となり，特性に影響を与えることが確認できたならば，各水準での母平均を推測する．

データの構造を式(2.7.12)のように書く．

$$y_{ij} = \mu_i + \varepsilon_{ij} \tag{2.7.12}$$

各水準での母平均 $\mu(A_i)$ は繰り返しデータの平均で求める．

$$\hat{\mu}(A_i) = \bar{y}_{i.} = \frac{\sum y_{ij}}{n} \tag{2.7.13}$$

この推定は一つの値で母平均を推定する方式であり点推定と呼ばれる．これに対して，ある確率で母平均を含む区間を推定する方式もあり，区間推定と呼ぶ．ここで含む確率を信頼率と呼び $1-\alpha$ で表す．一般的には信頼率として95％を用いる．

信頼率95％の信頼限界は，点推定値の両側に標準誤差に係数を掛けた値を加減して求められる．

$$\hat{\mu}(A_i) \pm t(\phi_e, 0.05)\sqrt{\frac{V_e}{n}} \tag{2.7.14}$$

(2) 母平均の差の推定

水準間の差を推定する．差の点推定値は

$$\hat{\mu}(A_i) - \hat{\mu}(A_{i'}) = \bar{y}_{i\cdot} - \bar{y}_{i'\cdot} \tag{2.7.15}$$

となる．この差の信頼率95%の信頼区間は

$$(\bar{y}_{i\cdot} - \bar{y}_{i'\cdot}) \pm t(\phi_e, 0.05)\sqrt{\frac{2V_e}{n}} \tag{2.7.16}$$

となる．この式は

$$\frac{|\bar{y}_{1\cdot} - \bar{y}_{2\cdot}|}{\sqrt{\frac{2V_e}{n}}} \geq t(\phi_e, 0.05) \tag{2.7.17}$$

と書くことができ，差の検定統計量と棄却域との関係式となる．(2.7.16)式の半幅を特に最小有意差 $l.s.d$ (least significant difference) と呼ぶ．

2.7.5 Excelでの解法

先の例について，Excelで解析する．

① 母平均を推定する（図2-7-11）．

繰り返しのデータの平均から母平均を点推定し，信頼区間の幅を求めて，信頼区間の下側・上側限界値を求める．

	B	C	D	E
24		点推定値	下側信頼限界	上側信頼限界
25	A1	42.42	41.69	43.15
26	A2	43.54	42.81	44.27
27	幅	0.73		

	B	C	D	E
24		点推定値	下側信頼限界	上側信頼限界
25	A1	=C12	=C25-C27	=C25+C27
27	幅	=TINV(B3,C14)＊SQRT(C15/B2)		

図2-7-11 母平均の推定

2.7 実験データの解析

② 差の推定を計算する(図 2-7-12).

繰り返しのデータの差から母平均の差を求め,$l.s.d$ も求める.

	G	H
24	差	
25	A1	A1
26	A2	1.12
27	l.s.d	1.03

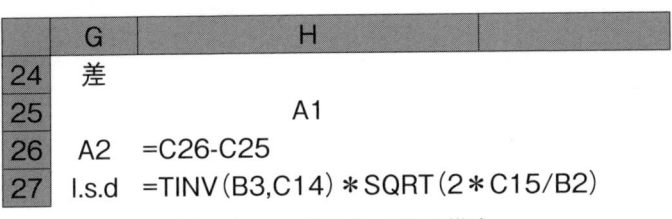

	G	H
24	差	
25		A1
26	A2	=C26-C25
27	l.s.d	=TINV(B3,C14)＊SQRT(2＊C15/B2)

図 2-7-12　母平均の差の推定

第3章
一元配置実験の計画と解析

3.1　一元配置実験とは

　一元配置実験は，特性 y に影響する多くの要因から1つの要因だけを取り上げて行う実験である．実験に取り上げる要因を因子と呼び，記号 A で表わす．因子 A の影響を知るためには A をいくつかの条件で変化させて実験する必要があり，この条件を水準と呼ぶ．実験で取り上げる水準の数を水準数と呼び a で表す．それぞれの水準は因子記号に添え字を付けた A_1, A_2, …, A_a で表す．たとえば，溶接強度に対して溶接電流を 1000, 1100, 1200, 1300 A（アンペア）で実験したとすると，溶接強度が特性 y，溶接電流が因子 A，電流値の 1000, 1100, 1200, 1300 がそれぞれ水準 A_1, A_2, A_3, A_4 に対応する（**図 3-1-1**）．

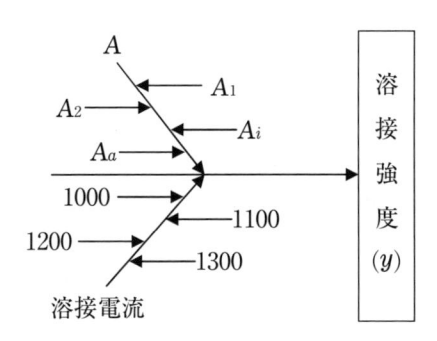

図 3-1-1　因子と水準

　実験誤差を見積もるために実験は各水準で繰り返しを行う必要がある．ここで繰り返し数が等しい場合の繰り返し数を n で表す．各水準での繰り返し数

第 3 章　一元配置実験の計画と解析

は異なってもデータ解析はできるが統計的な性質から繰り返し数はできるだけ同じにしたほうがよい．繰り返し数が等しい場合の一元配置実験で得られるデータは表 3-1-1 のように表現できる．

表 3-1-1　一元配置のデータ

水　準	データ
A_1	y_{11}　y_{12}　$\cdots$　y_{1n}
A_2	y_{21}　y_{22}　$\cdots$　y_{2n}
$\vdots$	$\vdots$
A_i	y_{i1}　y_{i2}　$\cdots$　y_{in}
$\vdots$	$\vdots$
A_a	y_{a1}　y_{a2}　$\cdots$　y_{an}

　実験の実施順序は，実験を行う際に系統的に入り込んでしまう実験誤差を確率化し統計的解析ができるようにするためにランダマイズする必要がある．実験順序は水準内での順序をランダマイズするのではなく，繰り返しを含めた全実験の実施順序をランダマイズする．ランダマイズの方法は乱数サイや乱数表を使って決めればよい．

　実験データの解析は，取り上げる因子が質的な因子の場合には要因効果の差を検定する分散分析法を使い，各水準での母平均の推定を行う．取り上げる因子が量的な場合には回帰分析を行う．

3.2　実験データの解析方法（質的因子）

　因子が質的因子の場合には，分散分析で解析する．このときの手順は次のようにする．
　① 因子の効果の有無を分散分析で判定する．
　② 各水準での母平均と水準間の母平均の差を推定する．

3.2 実験データの解析方法(質的因子)

3.2.1 分散分析
(1) データの構造式
　第 i 水準における実験の回数が第 j 回目での特性値 y_{ij} は，A_i 水準で因子 A の特性値の水準平均 μ_i と A_i 水準における実験の回数が第 j 回目での実験誤差 ε_{ij} の和で表される．これを式(3.2.1)のように表し，データの構造式と呼ぶ．

$$y_{ij} = \mu_i + \varepsilon_{ij} \tag{3.2.1}$$

ここで実験誤差 ε_{ij} は，因子水準以外の要因の影響として考える．
　また，水準平均の平均 μ (総平均(一般平均)と呼ぶ)は式(3.2.2)のように表される．

$$\mu = \frac{\mu_1 + \mu_2 + \cdots + \mu_a}{a} \tag{3.2.2}$$

この総平均 μ と水準平均 μ_i との差を主効果と呼び α_i で表す．

$$\alpha_i = \mu_i - \mu \tag{3.2.3}$$

総平均 μ と主効果 α_i を用いるとデータの構造式は式(3.2.4)のように書くことができる．

$$y_{ij} = \mu + \alpha_i + \varepsilon_{ij} \tag{3.2.4}$$

　データの構造式から，第 i 水準における実験の回数が第 j 回目での実験データ y_{ij} は，総平均 μ から第 i 水準の主効果の大きさだけ偏っており，さらにそこから実験誤差 ε_{ij} の大きさだけ偏る．この様子を図 3-2-1 に示す．
　因子が特性値に大きく影響すれば図 3-2-1 の水準平均は大きく異なるため，主効果を表す矢線は左右に延びていく．逆に因子が特性値に影響を与えなければ水準平均は接近し主効果の矢線は左右に短くなる．因子の影響の大きさは矢線の長さで表現される主効果の大きさによって評価することができる．
　なお，このときの主効果と誤差は式(3.2.5)と式(3.2.6)の条件に従い，主効果については，すべての和が0となる条件に従っている．

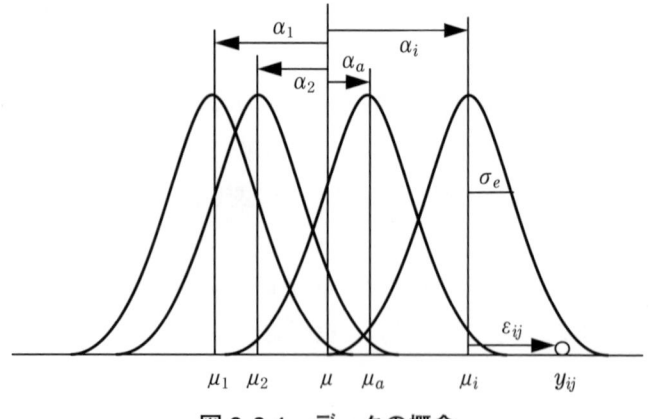

第3章 一元配置実験の計画と解析

図 3-2-1 データの概念

$$\sum_{i=1}^{a} \alpha_i = \sum_{i=1}^{a} \{\mu_i - \mu\} = \sum_{i=1}^{a} \mu_i - \sum_{i=1}^{a} \mu = \sum_{i=1}^{a} \mu_i - a\mu$$

$$= \sum_{i=1}^{a} \mu_i - a \frac{\sum_{i=1}^{a} \mu_i}{a} = 0 \tag{3.2.5}$$

また,このときの実験誤差 ε_{ij} には次の4つの仮定がおかれる.

$$\left.\begin{array}{l}\textbf{不偏性}:期待値は0である. \quad E[\varepsilon]=0 \\ \textbf{等分散性}:分散は一定である. \quad V[\varepsilon]=\sigma_e^2 \\ \textbf{独立性}:互いに独立である. \quad Cov[\varepsilon_{ij},\varepsilon_{kl}]=0 \\ \textbf{正規性}:正規分布に従う. \quad \varepsilon \sim N(0,\sigma_e^2)\end{array}\right\} \tag{3.2.6}$$

(2) 分散分析

分散分析を行うために,データの構造式の母数をデータから求まる統計量で推定する.総平均 μ は全実験データの平均 $\bar{\bar{y}}$ として式(3.2.7)のように求め,水準平均 μ_i は第 i 水準での繰り返しデータの平均 $\bar{y}_i$ として式(3.2.8)のように求める.

3.2 実験データの解析方法(質的因子)

$$\hat{\mu} = \overline{\overline{y}} = \frac{\sum_{i=1}^{a}\sum_{j=1}^{n} y_{ij}}{an} \tag{3.2.7}$$

$$\hat{\mu}_i = \overline{y}_{i.} = \frac{\sum_{j=1}^{n} y_{ij}}{n} \tag{3.2.8}$$

このとき,主効果 α_i は水準平均 $\overline{y}_{i.}$ と総平均 $\overline{\overline{y}}$ との差から式(3.2.9)のように求められる.

$$\hat{\alpha}_i = \hat{\mu}_i - \hat{\mu} = \overline{y}_{i.} - \overline{\overline{y}} = \frac{\sum_{j=1}^{n} y_{ij}}{n} - \frac{\sum_{i=1}^{a}\sum_{j=1}^{n} y_{ij}}{an} \tag{3.2.9}$$

実験誤差 ε_{ij} は各水準での繰り返しの実験データ y_{ij} と水準平均 $\overline{y}_{i.}$ との差から式(3.2.10)のように求められる.

$$\hat{\varepsilon}_{ij} = e_{ij} = y_{ij} - \hat{\mu}_i = y_{ij} - \overline{y}_{i.} \tag{3.2.10}$$

こうしてデータの構造式は,統計量によって式(3.2.11)のように書ける.

$$\begin{aligned} y_{ij} &= \mu + \alpha_i + \varepsilon_{ij} \\ y_{ij} &= \overline{\overline{y}} + (\overline{y}_{i.} - \overline{\overline{y}}) + (y_{ij} - \overline{y}_{i.}) \end{aligned} \tag{3.2.11}$$

そして,式(3.2.11)の右辺の総平均 $\overline{\overline{y}}$ を左辺に移項して両辺の2乗和を求める.

$$\begin{aligned} \sum_{i=1}^{a}\sum_{j=1}^{n}(y_{ij} - \overline{\overline{y}})^2 &= \sum_{i=1}^{a}\sum_{j=1}^{n}\{(\overline{y}_{i.} - \overline{\overline{y}}) + (y_{ij} - \overline{y}_{i.})\}^2 \\ &= \sum_{i=1}^{a}\sum_{j=1}^{n}(\overline{y}_{i.} - \overline{\overline{y}})^2 + \sum_{i=1}^{a}\sum_{j=1}^{n}(y_{ij} - \overline{y}_{i.})^2 \\ &= n\sum_{i=1}^{a}(\overline{y}_{i.} - \overline{\overline{y}})^2 + \sum_{i=1}^{a}\sum_{j=1}^{n}(y_{ij} - \overline{y}_{i.})^2 \end{aligned} \tag{3.2.12}$$

式(3.2.12)の左辺は実験データ全体の平方和であり総平方和と呼んで S_T で表す.また,右辺の第1項は主効果の2乗和に実験の繰り返し数 n をかけたもので,因子平方和と呼び S_A で表す.第2項は誤差平方和と呼び S_e で表す.総平方和は因子平方和と誤差平方和に分解できる.この様子を図3-2-2に示す.

第 3 章 一元配置実験の計画と解析

$$S_T = \sum_{i=1}^{a} \sum_{j=1}^{n} (y_{ij} - \overline{\overline{y}})^2$$

$$S_A = n \sum_{i=1}^{a} (\overline{y}_{i \cdot} - \overline{\overline{y}})^2$$

$$S_e = \sum_{i=1}^{a} \sum_{j=1}^{n} (y_{ij} - \overline{y}_{i \cdot})^2$$

図 3-2-2　平方和の分解

$$S_T = S_A + S_e \tag{3.2.13}$$

総平方和　　$S_T = \sum_{i=1}^{a} \sum_{j=1}^{n} (y_{ij} - \overline{\overline{y}})^2$ 　　(3.2.14)

因子平方和　$S_A = n \sum_{i=1}^{a} (\overline{y}_{i \cdot} - \overline{\overline{y}})^2$ 　　(3.2.15)

誤差平方和　$S_e = \sum_{i=1}^{a} \sum_{j=1}^{n} (y_{ij} - \overline{y}_{i \cdot})^2$ 　　(3.2.16)

取り上げた因子の効果が統計的に意味があるかどうかについては因子平方和 S_A と誤差平方和 S_e との大きさを比較すればよいが，平方和は自由度が大きくなるとそれにつれて大きくなってしまうため，自由度の値が異なると公平な比較を行うことはできないが，平方和を自由度で割った分散を用いれば，自由度の値が調整されるので公平な比較を行うことができる．

ここで，それぞれの平方和の自由度を求めておく．

自由度は平方和を求めるために使う独立な偏差の数である．総平方和の自由度 ϕ_T は偏差の総数が an あり，これらの和が 0 となるので，式(3.2.17)のように独立な偏差の数は $an-1$ となる．

$$\phi_T = an - 1 \tag{3.2.17}$$

3.2 実験データの解析方法（質的因子）

　因子平方和 S_A は主効果の 2 乗和なので偏差の数は水準数と同じ a であり，主効果の和が 0 となるので，独立な偏差の数は $a-1$ となる．したがって，因子平方和の自由度 ϕ_A は式 (3.2.18) のようになる．

$$\phi_A = a-1 \qquad (3.2.18)$$

　誤差平方和 S_e は繰り返しのデータの偏差の 2 乗和なので 1 水準での偏差の数は n である．この偏差の和が 0 となるので，独立な偏差の数は $n-1$ である．これが a 水準あるので，独立な偏差の数は $a(n-1)$ となる．したがって誤差自由度 ϕ_e は式 (3.2.19) のようになる．

$$\phi_e = a(n-1) \qquad (3.2.19)$$

自由度についても総平方和の自由度が因子平方和の自由度と誤差自由度に分かれることがわかる（図 3-2-3）．

$$\phi_T = an-1$$

$$\phi_A = a-1$$

$$\phi_e = a(n-1)$$

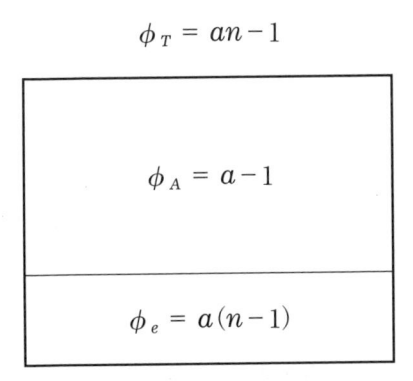

図 3-2-3　自由度の分解

$$\begin{aligned}\phi_T &= an-1 = an-a+a-1 = a(n-1)+(a-1) \\ &= \phi_e + \phi_A\end{aligned} \qquad (3.2.20)$$

次に平方和を自由度で割って因子分散と誤差分散を求める．

$$\text{因子分散}\quad V_A = \frac{S_A}{\phi_A} \qquad (3.2.21)$$

第3章 一元配置実験の計画と解析

誤差分散　　$V_e = \dfrac{S_e}{\phi_e}$ 　　　　　　　　　　　　　　　　(3.2.22)

因子分散と誤差分散との大きさを比較するため，因子分散を誤差分散で割った分散比を求める．このとき分散比はF分布に従う性質をもつ．

分散比　　$F_0 = \dfrac{V_A}{V_e}$ 　　　　　　　　　　　　　　　　(3.2.23)

分散比F_0の値が統計的に意味があるかどうか判断するためには，F分布の限界値と比較する必要がある．このとき，F分布の限界値は分子の自由度ϕ_Aと分母の自由度ϕ_eと有意水準αの三要素によって決まる．求めた分散比とF分布の限界値とを比較して，

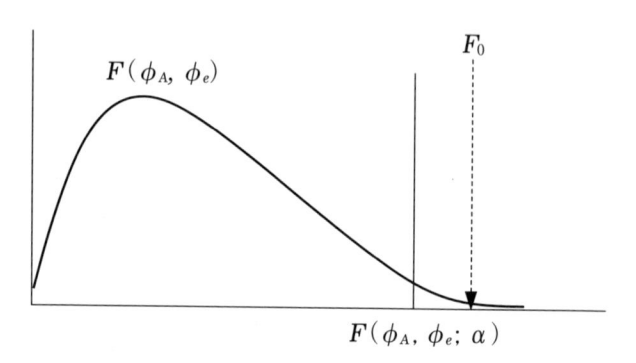

図 3-2-4　F分布での判断

表 3-2-1　分散分析表

要因	平方和	自由度	分散	分散比	限界値
A	$S_A = n\sum\limits_{i=1}^{a}(\overline{y}_{i\cdot} - \overline{\overline{y}})^2$	$\phi_A = a-1$	$V_A = \dfrac{S_A}{\phi_A}$	$F_0 = \dfrac{V_A}{V_e}$	$F_0 \geq F(\phi_A, \phi_e; \alpha)$
e	$S_e = \sum\limits_{i=1}^{a}\sum\limits_{j=1}^{n}(y_{ij} - \overline{y}_{i\cdot})^2$	$\phi_e = a(n-1)$	$V_e = \dfrac{S_e}{\phi_e}$		
計	$S_T = \sum\limits_{i=1}^{a}\sum\limits_{j=1}^{n}(y_{ij} - \overline{\overline{y}})^2$	$\phi_T = an-1$			

3.2 実験データの解析方法(質的因子)

$$F_0 \geq F(\phi_A, \phi_e; \alpha) \tag{3.2.24}$$

となれば取り上げた因子は特性に影響を与えると判断する(**図 3-2-4**).

これらの一連の手続きをまとめると，**表 3-2-1** の分散分析表のようになる．

3.2.2 推定

分散分析での判断は定性的であり，分散分析の結果，有意となってもすべての水準間に差があるとは判断できないため，各水準平均を推定したうえで最適条件を決定する．さらに任意の2水準間における母平均の差を推定する．推定は点推定のみではなく区間推定も行う必要がある．

(1) 各水準での母平均推定

各水準での水準平均 μ_i は繰り返しデータの平均 $\bar{y}_{i.}$ で推定され，式(3.2.25)のようになる．

$$\hat{\mu}_i = \hat{\mu} + \hat{\alpha}_i = \bar{\bar{y}} + (\bar{y}_{i.} - \bar{\bar{y}}) = \bar{y}_{i.} = \frac{\sum_{j=1}^{n} y_{ij}}{n} \tag{3.2.25}$$

式(3.2.25)で推定する理由は，$\bar{y}_{i.}$ の構造式が式(3.2.26)となり，式(3.2.27)のように $\bar{y}_{i.}$ の期待値は推定したい母数 μ_i に一致しているので不偏推定量となるためである．

$$\bar{y}_{i.} = \mu + \alpha_i + \bar{\varepsilon}_{i.} \tag{3.2.26}$$

$$E(\bar{y}_{i.}) = E(\mu + \alpha_i + \bar{\varepsilon}_{i.}) = E(\mu) + E(\alpha_i) + E(\bar{\varepsilon}_{i.})$$
$$= \mu + \alpha_i = \mu_i \tag{3.2.27}$$

繰り返しデータの平均 $\bar{y}_{i.}$ のばらつきは式(3.2.28)のように実験誤差の母分散の $1/n$ となる．

$$V(\bar{y}_{i.}) = V(\mu + \alpha_i + \bar{\varepsilon}_{i.}) = V(\mu) + V(\alpha_i) + V(\bar{\varepsilon}_{i.})$$
$$= 0 + 0 + V\left(\frac{\sum_{j=1}^{n} \varepsilon_{ij}}{n}\right) = \frac{1}{n^2} V\left(\sum_{j=1}^{n} \varepsilon_{ij}\right)$$

第3章 一元配置実験の計画と解析

$$= \frac{1}{n^2} n\sigma_e^2 = \frac{\sigma_e^2}{n} \tag{3.2.28}$$

水準での母平均 μ_i の信頼区間は繰り返しの平均 $\bar{y}_{i\cdot}$ のばらつきを考慮して求める。$\bar{y}_{i\cdot}$ の分散は式(3.2.28)のように実験誤差の母分散の $1/n$ となるので,信頼率 $1-\alpha$ の信頼区間の幅は実験誤差の母分散 σ_e^2 の大きさがわかっていれば式(3.2.29)のようになる。

$$\pm u(\alpha)\sqrt{\frac{\sigma_e^2}{n}} \tag{3.2.29}$$

実験誤差の母分散 σ_e^2 は未知なので表 3-2-1 の分散分析表で求めた誤差分散 V_e で置き換える。このとき,母分散を統計量 V_e で置き換えているので従う分布は正規分布ではなく t 分布を仮定すると,信頼率 $1-\alpha$ の信頼区間の幅は式(3.2.30)のようになる。

$$\pm t(\phi_e, \alpha)\sqrt{\frac{V_e}{n}} \tag{3.2.30}$$

(2) 水準間の母平均の差の推定

表 3-2-1 の分散分析表で有意であることはすべての水準の母平均間の差が有意であることを意味しない。例えば図 3-2-5 のように3つの水準の平均が同じで1つの水準だけ大きく異なっていても有意となる場合がある。

どの水準間に有意な差があるのかを知るために,2つの水準間の母平均の差を推定する。これは,特性値をもっともよくする最適条件と現行条件との差,あるいは最適条件とその次に特性値がよくなる次善条件との差などを推定すれば十分である。第 i 水準と第 i' 水準との母平均の差を点推定するためには,繰り返しの平均の差を使って式(3.2.31)のようにする。

$$\begin{aligned}\hat{\mu}_i - \hat{\mu}_{i'} &= (\hat{\mu} + \hat{\alpha}_i) - (\hat{\mu} + \hat{\alpha}_{i'}) = \hat{\alpha}_i - \hat{\alpha}_{i'} \\ &= (\bar{y}_{i\cdot} - \bar{\bar{y}}) - (\bar{y}_{i'\cdot} - \bar{\bar{y}}) = \bar{y}_{i\cdot} - \bar{y}_{i'\cdot}\end{aligned} \tag{3.2.31}$$

母平均の差の信頼区間の幅は,繰り返しの平均の差の分散が式(3.2.32)となるので式(3.2.33)のようになる。

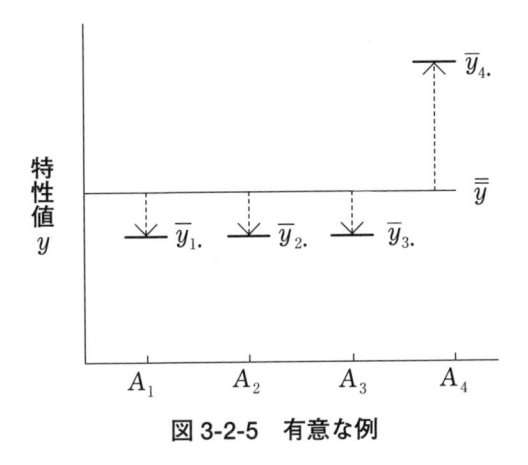

3.2 実験データの解析方法（質的因子）

図 3-2-5 有意な例

$$V(\overline{y}_{i.} - \overline{y}_{i'.}) = V(\overline{y}_{i.}) + (-1)^2 V(\overline{y}_{i'.})$$
$$= \frac{\sigma_e^2}{n} + \frac{\sigma_e^2}{n} = \frac{2\sigma_e^2}{n} \tag{3.2.32}$$

$$\pm t(\phi_e, \alpha)\sqrt{\frac{2V_e}{n}} \tag{3.2.33}$$

式 (3.2.33) の差の信頼区間の半幅を l.s.d (least significant difference, 最小有意差) と呼び，式 (3.2.34) のように定義される．

$$l.s.d = t(\phi_e, \alpha)\sqrt{\frac{2V_e}{n}} \tag{3.2.34}$$

水準間における母平均の差の絶対値が l.s.d の値以上であればその差は有意となり，l.s.d より小さければ差は有意とはならない．そして，このような検定を最小有意差検定と呼ぶ．

3.2.3 例題

部品の溶接強度を高めるために溶接棒の形状を因子とし一元配置の実験を行った．水準は現行の形状を A_1 水準とし，ほかに 3 種類の形状をそれぞれ A_2，A_3，A_4 水準とした．各水準で繰り返し数は 3 回ずつとし計 12 回の実験をラン

第3章 一元配置実験の計画と解析

ダムな順序で行った．実験順序を表 3-2-2 に，実験データを表 3-2-3 に示す．

表 3-2-2 実験順序

水　準	データ		
A_1	2	6	8
A_2	3	4	9
A_3	1	10	12
A_4	5	7	11

表 3-2-3 データ表

水　準	データ		
A_1	32	34	30
A_2	41	37	36
A_3	48	45	42
A_4	44	39	40

この例では水準数は $a = 4$，繰り返し数は $n = 3$ である．

(1) 実験データのグラフ化

分散分析を行う前に実験データのグラフ化を行って，データの吟味と傾向を読み取っておくことは重要である．グラフの縦軸を特性値，横軸を因子の水準とし，実験データをプロットしたうえで，各水準での繰り返しデータの平均値を表示する．実験データのグラフからは次のようなポイントを読み取る必要がある．

① 飛び離れた値の有無
② すべての水準における誤差の等分散性の確認
③ 因子の効果の有無

3.2 実験データの解析方法(質的因子)

④ 特性値をよくする水準

表 3-2-2 をグラフ化するために各水準の繰り返しデータの平均値を求める(表 3-2-4).

表 3-2-4　各水準の繰り返しデータの平均値

水準	データ			$\sum_{j=1}^{n} y_{ij}$	$\bar{y}_{i.}$
A_1	32	34	30	96	32.0
A_2	41	37	36	114	38.0
A_3	48	45	42	135	45.0
A_4	44	39	40	123	41.0

$$\bar{y}_{1.} = \frac{\sum_{j=1}^{n} y_{1j}}{n} = \frac{32+34+30}{3} = \frac{96}{3} = 32.0$$

各水準の実験データを ● で,水準平均を ── で表せば,表 3-2-2 は図 3-2-6 のようにグラフ化できる.

図 3-2-6　実験データのグラフ

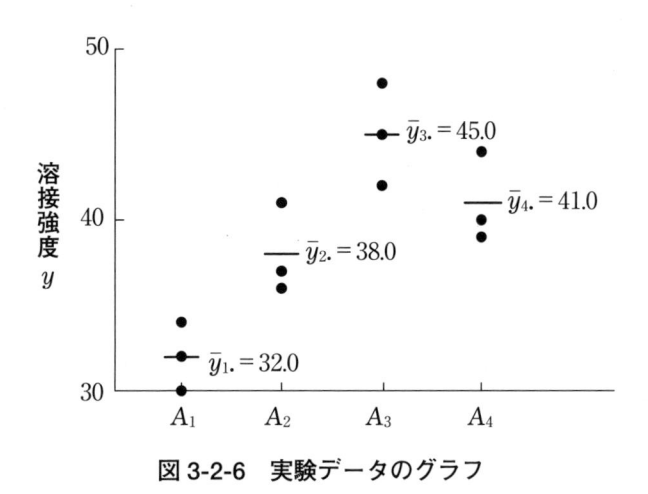

図 3-2-6 のグラフから次のことを読み取ることができる.

第3章 一元配置実験の計画と解析

① とくに飛び離れた値はない．
② どの水準でも誤差のばらつきの大きさは同じようである．
③ 誤差に対して水準平均が異なっているので，因子の効果はありそうである．
④ 溶接強度をもっとも大きくする水準は A_3 となるようである．

とくに飛び離れた値もなく，誤差の等分散性も確認できたので，このまま分散分析を行ってもよいと判断できる．

(2) 分散分析

手順1 因子平方和 S_A と因子自由度 ϕ_A の計算

因子平方和 S_A は主効果の2乗和に繰り返し数をかけて求め，因子自由度 ϕ_A は水準数 $a-1$ で求める．

総平均と繰り返しデータの平均と総平均との差における主効果を計算する．

$$\text{総平均}\ \bar{\bar{y}} = \frac{\sum_{i=1}^{a}\sum_{j=1}^{n} y_{ij}}{an} = \frac{32+34+30+\cdots+39+40}{4\times 3} = \frac{468}{12} = 39.00$$

主効果 $\bar{y}_{1\cdot} - \bar{\bar{y}} = 32.0 - 39.00 = -7.00$

すべての水準についての主効果を計算した結果を**表 3-2-5** と**図 3-2-7** に示

表 3-2-5 主効果の計算結果

水準	データ			$\bar{y}_{i\cdot}$	$\bar{y}_{i\cdot} - \bar{\bar{y}}$
A_1	32	34	30	32.0	-7.0
A_2	41	37	36	38.0	-1.0
A_3	48	45	42	45.0	6.0
A_4	44	39	40	41.0	2.0
			$\bar{\bar{y}}$	39.00	0.0

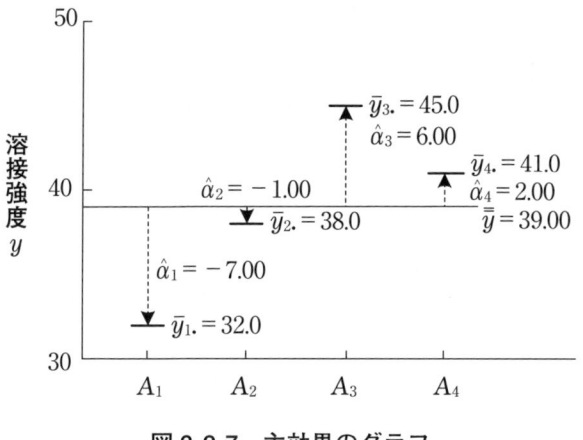

3.2 実験データの解析方法(質的因子)

図 3-2-7 主効果のグラフ

す.

因子平方和　$S_A = n\sum_{i=1}^{a} \hat{\alpha}_i^2 = 3 \times \{(-7.00)^2 + (-1.00)^2 + 6.00^2 + 2.00^2\}$

$= 3 \times 90.00 = 270.00$

因子平方和の自由度　$\phi_A = a - 1 = 4 - 1 = 3$

手順2　誤差平方和 S_e と誤差自由度 ϕ_e の計算

誤差 e_{ij} は繰り返しのデータ y_{ij} から水準での平均 $\bar{y}_{i.}$ を引いて求める．

水準1の誤差　$e_{11} = y_{11} - \bar{y}_{1.} = 32 - 32.0 = 0.0$

$e_{12} = y_{12} - \bar{y}_{1.} = 34 - 32.0 = 2.0$

$e_{13} = y_{13} - \bar{y}_{1.} = 30 - 32.0 = -2.0$

他の水準についても計算した結果を**表 3-2-6**と**図 3-2-8**に示す．

誤差平方和 S_e は表 3-2-6 の誤差の2乗和から，誤差自由度 ϕ_e は $a(n-1)$ から求める．

誤差平方和　$S_e = \sum_{i=1}^{a}\sum_{j=1}^{n}(y_{ij} - \bar{y}_{i.})^2 = 0.0^2 + 2.0^2 + \cdots + (-1.0)^2 = 54.00$

誤差自由度　$\phi_e = a(n-1) = 4 \times (3-1) = 8$

第3章　一元配置実験の計画と解析

表 3-2-6　誤差の計算結果

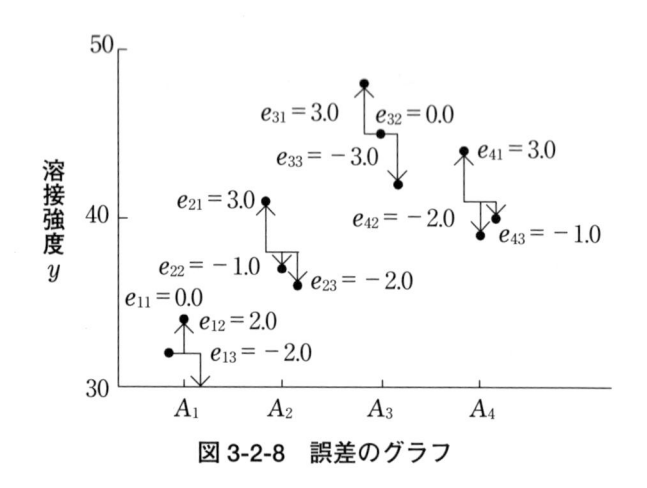

水準	誤差			計
A_1	0.0	2.0	-2.0	0.0
A_2	3.0	-1.0	-2.0	0.0
A_3	3.0	0.0	-3.0	0.0
A_4	3.0	-2.0	-1.0	0.0

図 3-2-8　誤差のグラフ

分散分析で総平方和と総自由度を求める必要はないが，計算チェックのために計算しておく．

総平方和　$S_T = \sum_{i=1}^{4}\sum_{j=1}^{3}(y_{ij}-\overline{\overline{y}})^2$

$= (32-39.00)^2 + (34-39.00)^2 + \cdots + (40-39.00)^2$

$= 324.00$

総自由度　$\phi_T = an - 1 = 12 - 1 = 11$

計算チェック用の式　$S_T = S_A + S_e = 270.0 + 54.00 = 324.00$

$\phi_T = \phi_A + \phi_e = 3 + 8 = 11$

以上の結果より計算に間違いはないようである．

3.2 実験データの解析方法(質的因子)

手順3 分散の計算

平方和を自由度で割って因子分散と誤差分散を計算する．

因子分散　$V_A = \dfrac{S_A}{\phi_A} = \dfrac{270.0}{3} = 90.00$

誤差分散　$V_e = \dfrac{S_e}{\phi_e} = \dfrac{54.0}{8} = 6.75$

手順4 分散比の計算

因子分散を誤差分散で割って分散比を計算する．分散比は F 分布に従うので，計算した分散比を F_0 で表す．

分散比　$F_0 = \dfrac{V_A}{V_e} = \dfrac{90.00}{6.75} = 13.33$

手順5 有意であるかないかの判断

分散比 F_0 が第1自由度 $\phi_A = 3$，第2自由度 $\phi_e = 8$ の F 分布に従うので，有意水準を5%として限界値と比較する．

$F_0 = 13.33 \geq F(3, 8 ; 0.05) = 4.07$

分散比 F_0 が限界値 $F(3, 8 ; 0.05) = 4.07$ より大きいので，有意と判定する．溶接棒の先端形状を変えると溶接強度の母平均は変化する．したがって，溶接棒の先端形状は溶接強度に影響を与える．

これまでの計算結果を表 3-2-7 の分散分析表にまとめる．

表 3-2-7　分散分析表

要因	平方和	自由度	分散	分散比	限界値
A	270.00	3	90.00	13.33	4.07
e	54.000	8	6.75		
計	324.00	11			

第 3 章　一元配置実験の計画と解析

(3)　推定

　手順 1　母平均の推定

　　各水準での母平均を推定する．

　　まずはじめに総平均に主効果を加えて推定する．

　　　母平均 μ_1 の点推定値　$\hat{\mu}_1 = \hat{\mu} + \hat{\alpha}_1 = \bar{\bar{y}} + (\bar{y}_1 - \bar{\bar{y}})$
　　　　　　　　　　　　　　　　　　$= 39.0 + (-7.0) = 32.0$

　　他の水準での推定結果についても表 3-2-8 に示す．

表 3-2-8　点推定値

水　準	点推定値
A_1	32.0
A_2	38.0
A_3	45.0
A_4	41.0

　次に信頼区間を計算する．

　表 3-2-6 の分散分析表の誤差自由度 $\phi_e = 8$ と誤差分散 $V_e = 6.75$ を代入して信頼区間の幅を計算する．

$$信頼区間の幅　\pm t(\phi_e, \alpha)\sqrt{\frac{V_e}{n}} = \pm t(8, 0.05)\sqrt{\frac{6.75}{3}}$$

$$= \pm 2.306 \times 1.500 = \pm 3.5$$

　各水準での点推定値と下側信頼限界と上側信頼限界の結果を表 3-2-9 に点推定値と信頼区間を図 3-2-9 の推定結果のグラフに示す．

　手順 2　最適条件の決定

　　表 3-2-8 の点推定値から溶接強度をもっとも高める水準が A_3 水準なので，最適条件は A_3 である．この時の点推定値は 45.0，信頼率 95% の信頼区間は 41.5 〜 48.5 である．

3.2 実験データの解析方法（質的因子）

表 3-2-9　各水準の推定

水　準	点推定値	下側信頼限界	上側信頼限界
A_1	32.0	28.5	35.5
A_2	38.0	34.5	41.5
A_3	45.0	41.5	48.5
A_4	41.0	37.5	44.5

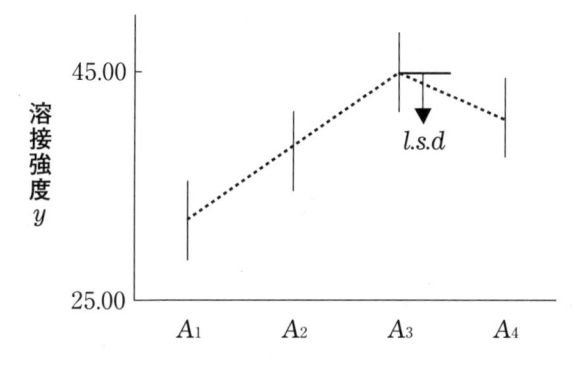

図 3-2-9　推定結果のグラフ

手順 3　母平均の差の推定

表 3-2-8 と図 3-2-9 から溶接強度をもっとも高める条件は A_3 となる．この水準とこの次に良い A_4 水準との間の母平均の差を検討する．

　　母平均の差の点推定値　　$\hat{\mu}_3 - \hat{\mu}_4 = \bar{y}_3 - \bar{y}_4 = 45.0 - 41.0 = 4.0$

差の信頼区間の幅は分散分析表の誤差自由度 $\phi_e = 8$ と誤差分散 $V_e = 6.75$ を代入して計算する．

$$\text{差の信頼区間の幅}\quad \pm t(\phi_e, \alpha)\sqrt{\frac{2V_e}{n}} = \pm t(8, 0.05)\sqrt{\frac{2 \times 6.75}{3}} = 4.9$$

差の点推定値は 4.0 であり，幅が 4.9 なので差の信頼区間は $-0.9 \sim 8.9$ となる．この信頼区間は 0.0 を含んでいるため，積極的に差があるとは言

第3章　一元配置実験の計画と解析

えないことを意味する．逆に差の点推定値が4.9以上であれば差があると判断される．

他の水準についても差を推定した結果を表3-2-10に示す．

表3-2-10　差の推定

	A_1		
A_2	－6.00	A_2	
A_3	－13.00	－7.00	A_3
A_4	－9.00	－3.00	4.00

$$最小有意差 \quad l.s.d = t(\phi_e, \alpha)\sqrt{\frac{2V_e}{n}} = 4.9$$

3.2.4　Excelでの解法
(1)　Excelでの実験順序の決定

水準数 $a=4$，繰り返し数 $n=3$ の一元配置実験の実験順序をExcelを使って決める．C2セルに乱数発生関数 =RAND( ) を代入したうえでC13セルまでコピーする(図3-2-10)．

B1セルからC13セルを指定してデータの並替えを選択する．最優先されるキーを乱数にし，昇順あるいは降順で並べ替える(図3-2-11)．

A列の数字を実験順序として，整理したものを表3-2-11に示す(図3-2-11はExcelの再計算を手動設定としている)．

表3-2-11の実験順序で，7回目と8回目はたまたま同じ A_3 水準であるため，7回目と8回目の実験を続けて実施することは誤りである．7回目の実験実施後に溶接機から溶接棒 A_3 を取り外し，その後に溶接棒 A_3 を再び取り付けて実験を行うのが正しい．溶接棒を取り外さずに続けて実験を実施してしまうと，7回目の実験誤差と8回目の実験誤差が独立ではなくなってしまい，誤差の仮定を満たさなくなる．

3.2 実験データの解析方法（質的因子）

	C
1	乱数
2	=RAND()

	A	B	C
1	実験順序	A	乱数
2	1	A1	0.901446
3	2	A1	0.512879
4	3	A1	0.267332
5	4	A2	0.485866
6	5	A2	0.855208
7	6	A2	0.733229
8	7	A3	0.763509
9	8	A3	0.327269
10	9	A3	0.772829
11	10	A4	0.937956
12	11	A4	0.934531
13	12	A4	0.515399

図 3-2-10　乱数の発生

	A	B	C
1	実験順序	A	乱数
2	1	A1	0.267332
3	2	A3	0.327269
4	3	A2	0.485866
5	4	A1	0.512879
6	5	A4	0.515399
7	6	A2	0.733229
8	7	A3	0.763509
9	8	A3	0.772829
10	9	A2	0.855208
11	10	A1	0.901446
12	11	A4	0.934531
13	12	A4	0.937956

図 3-2-11　実験順序（昇順の場合）

第 3 章　一元配置実験の計画と解析

表 3-2-11　実験順序

水　準	順　序		
A_1	1	4	10
A_2	3	6	9
A_3	2	7	8
A_4	5	11	12

(2)　Excel でのデータ解析

Excel によるデータ解析を 3.2.3 項の数値例を用いて説明する．
① 水準数，繰り返し数を計算する．有意水準の値は 0.05 を入力する（図 3-2-12）．

	A	B
1		
2	a=	4
3	n=	3
4	α	0.05

	A	B
1		
2	a=	=COUNT(D3:D6)
3	n=	=COUNT(D3:F3)
4	α	0.05

図 3-2-12　水準数・繰り返し数の入力

3.2 実験データの解析方法（質的因子）

② 平均・主効果・2乗を計算する（図 3-2-13）．

	G	H	I
1			
2	平均	主効果	2乗
3	32.0	-7.0	49.00
4	38.0	-1.0	1.00
5	45.0	6.0	36.00
6	41.0	2.0	4.00
7	39.0	0.0	90.00
8	総平均	主効果の和	2乗の和

図 3-2-13　平均・主効果・2乗の入力

③ 総平均・主効果の和・2乗の和を計算する（図 3-2-14）．

	G	H	I
1			
2	平均	主効果	2乗
3	=AVERAGE(D3:F3)	=G3-$G$7	=H3*H3
4	=AVERAGE(D4:F4)	=G4-$G$7	=H4*H4
5	=AVERAGE(D5:F5)	=G5-$G$7	=H5*H5
6	=AVERAGE(D6:F6)	=G6-$G$7	=H6*H6
7	=AVERAGE(D3:F6)	=SUM(H3:H6)	=SUM(I3:I6)
8	総平均	主効果の和	2乗の和

図 3-2-14　平均・主効果・2乗和の計算

第3章 一元配置実験の計画と解析

④ 誤差と誤差平方和を計算する（図 3-2-15）．

	D	E	F	G
11	0.0	2.0	-2.0	0.0
12	3.0	-1.0	-2.0	0.0
13	3.0	0.0	-3.0	0.0
14	3.0	-2.0	-1.0	0.0
15				54.00

	D	E	F	G
11	=D3-$G3	=E3-$G3	=F3-$G3	=SUM(D11:F11)
12	=D4-$G4	=E4-$G4	=F4-$G4	=SUM(D12:F12)
13	=D5-$G5	=E5-$G5	=F5-$G5	=SUM(D13:F13)
14	=D6-$G6	=E6-$G6	=F6-$G6	=SUM(D14:F14)
15				=SUMSQ(D11:F14)

図 3-2-15　誤差と誤差平方和の計算

⑤ 分散分析表を作成する（図 3-2-16）．

	A	B	C	D	E	F
18		分散分析表				
19	要因	平方和	自由度	分散	分散比	限界値
20	A	270.00	3	90.000	13.33	4.07
21	e	54.00	8	6.750		
22	計	324.0000	11			

	A	B	C	D	E	F
18		分散分析表				
19	要因	平方和	自由度	分散	分散比	限界値
20	A	=B3*I7	=B2-1	=B20/C20	=D20/D21	=FINV(B4,C20,C21)
21	e	=G15	=B2*(B3-1)	=B21/C21		
22	計	=D7	=B2*B3-1			

図 3-2-16　分散分析表の作成

3.2 実験データの解析方法（質的因子）

⑥ 母平均の点推定値と下側・上側信頼限界を計算する（図 3-2-17）．

	A	B	C	D
24		点推定値	下側信頼限界	上側信頼限界
25	A1	32.0	28.5	35.5
26	A2	38.0	34.5	41.5
27	A3	45.0	41.5	48.5
28	A4	41.0	37.5	44.5
29	幅	3.5		

	A	B	C	D
25	A1	=$G$7+H3	=B25-$B$29	=B25+$B$29
26	A2	=$G$7+H4	=B26-$B$29	=B26+$B$29
27	A3	=$G$7+H5	=B27-$B$29	=B27+$B$29
28	A4	=$G$7+H6	=B28-$B$29	=B28+$B$29
29	幅	=TINV(B4, C21)＊SQRT(D21/B3)		

図 3-2-17　母平均の推定

⑦ 差の点推定値と $l.s.d$ を計算する（図 3-2-18）．

	F	G	H	I
24	差			
25		A1		
26	A2	-6.00	A2	
27	A3	-13.00	-7.00	A3
28	A4	-9.00	-3.00	4.00
29	l.s.d	4.9		

	F	G	H	I
26	A2	=H3-H4		
27	A3	=H3-H5	=H4-H5	
28	A4	=H3-H6	=H4-H6	=H5-H6
29	l.s.d	=TINV(B4, C21)＊SQRT(2＊D21/B3)		

図 3-2-18　差の推定

3.3 実験データの解析方法(量的因子)

3.3.1 回帰式

取り上げた因子が量的な場合は,水準間に意味があるので回帰分析を行うのがよい.回帰分析を行うと水準間の情報も得ることができるため,実際には実験を行っていない条件での特性値についても予測することができる.実験範囲内において1次式が仮定できる場合には回帰式を求め,2次式が仮定できる場合には2次の多項式回帰式を求めればよい.

一元配置なのでデータの構造は式(3.3.1)となる.

$$y_{ij} = \mu_i + \varepsilon_{ij} \tag{3.3.1}$$

μ_i は各水準での母平均を,ε_{ij} は実験誤差を表す.量的因子は水準間も意味をもつので,各水準での母平均 μ_i と水準値 x_i との間に回帰式を仮定できる.

$$\mu_i = \beta_0 + \beta_1 x_i$$

β_0 を定数項,β_1 を回帰係数と呼ぶ.さらに,回帰式では説明のつかない部分を考慮して γ_i を加える.この γ_i を当てはまりの悪さ(lack of fit)と呼ぶ.

$$\mu_i = \beta_0 + \beta_1 x_i + \gamma_i$$

したがって,データの構造は式(3.3.2)となる.

$$y_{ij} = \beta_0 + \beta_1 x_i + \gamma_i + \varepsilon_{ij} \tag{3.3.2}$$

当てはまりの悪さが大きい場合にはさらに水準値 x_i の2乗の項を追加したモデルを仮定する.

$$y_{ij} = \beta_0 + \beta_1 x_i + \beta_2 x_i^2 + \gamma_i + \varepsilon_{ij} \tag{3.3.3}$$

β_0,β_1,β_2 は実験の繰り返しの平均値について式(3.3.2)の回帰式を仮定し,当てはまりの悪さが最小になるように求める.

$$\bar{y}_{i.} = \beta_0 + \beta_1 x_i + \gamma_i \tag{3.3.4}$$

あるいは式(3.3.3)の多項回帰式を仮定して,同じように当てはまりの悪さが最小になるように求める.

$$\bar{y}_{i.} = \beta_0 + \beta_1 x_i + \beta_2 x_i^2 + \gamma_i \tag{3.3.5}$$

3.3 実験データの解析方法(量的因子)

当てはまりの悪さ γ_i は，繰り返しの平均 $\overline{y}_{i\cdot}$ と予測値 $\hat{y}_i$ との差 $\overline{y}_{i\cdot} - \hat{y}_i$ で見積もることができるが，和が0となるので，β_0 と β_1 は式(3.3.6)のように差の2乗和 S_{lof} を最小になるように求める．

$$S_{lof} = \sum_{i}^{a} (\overline{y}_{i\cdot} - \hat{y}_i)^2 \longrightarrow 最小 \tag{3.3.6}$$

得られた回帰式は式(3.3.7)と式(3.3.8)のように表す．

$$\hat{y} = b_0 + b_1 x \tag{3.3.7}$$
$$\hat{y} = b_0 + b_1 x + b_2 x^2 \tag{3.3.8}$$

1次式であれば手計算も可能であるが，2次式は重回帰分析を用いないといけないので手計算は困難である．具体的な求め方は3.3.4節で詳しく説明する．

(注3.1) 本書では，簡明のために多項式回帰式を式(3.3.3)のように仮定しているが，式(3.3.9)のように水準値から水準値の平均を引いてから2乗した項を追加した回帰式で解いたほうが統計的には良い性質をもつ．

$$y_{ij} = \beta_0 + \beta_1 x_i + \beta_2 (x_i - \overline{x})^2 + \gamma_i + \varepsilon_{ij} \tag{3.3.9}$$

3.3.2 分散分析

因子 A の水準数を a とすると式(3.3.10)のように $(a-1)$ 次式までの当てはめが考えられる．

$$y_{ij} = \beta_0 + \beta_1 x_i + \beta_2 x_i^2 + \cdots + \beta_{a-1} x^{a-1} + \varepsilon_{ij} \tag{3.3.10}$$

このように，すべての項を含んだモデルをフルモデルと呼ぶ．フルモデルでの総平方和は図3-3-1のように次数ごとの平方和 $S_{(i)}$ と誤差平方和 S_e とに分解できる．

水準数 a が大きい場合や後述する二元配置のように，項が多い場合には，すべての成分に分解して解析するのは実際的でない．そこで，項を必要と思われる項とそうではない項とに分けて，不必要と思われる項をまとめて当てはまりの悪さで表現するモデルを使う．たとえば，2次までを必要な項とし，3次以上を不必要な項として当てはまりの悪さと考えるとモデルは式(3.3.11)とな

第3章 一元配置実験の計画と解析

$$S_T = \sum_{i=1}^{a}\sum_{j=1}^{n}(y_{ij}-\overline{\overline{y}})^2 \qquad S_A = n\sum_{i=1}^{a}(\overline{y}_{i.}-\overline{\overline{y}})^2$$

$S_A = n\sum_{i=1}^{a}(\overline{y}_{i.}-\overline{\overline{y}})^2$ → $S_{(1)}$, $S_{(2)}$, $S_{(k)}$, $S_{(a-1)}$ 次数ごとの平方和

$S_e = \sum_{i=1}^{a}\sum_{j=1}^{n}(y_{ij}-\overline{y}_{i.})^2$ 誤差平方和

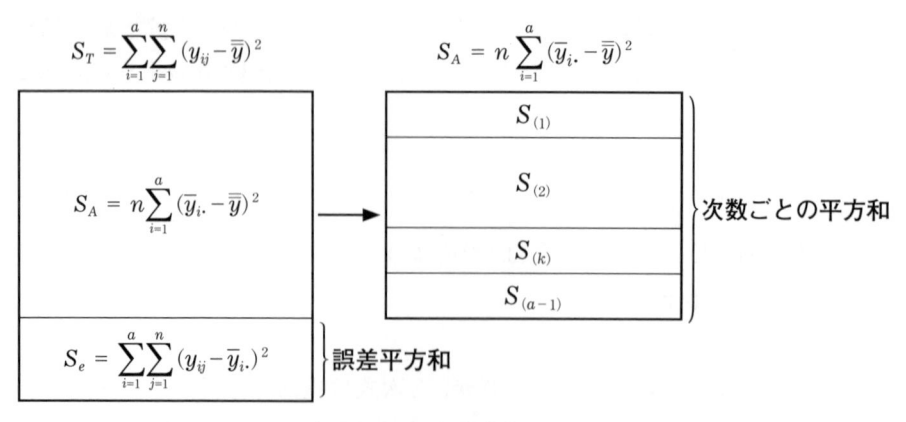

図 3-3-1 平方和の分解

り，このときの平方和の分解を図式化すると図 3-3-2 となる．

$$y_{ij} = \beta_0 + \beta_1 x_i + \beta_2 x_i^2 + \gamma_i + \varepsilon_{ij} \tag{3.3.11}$$

$S_A = n\sum_{i=1}^{a}(\overline{y}_{i.}-\overline{\overline{y}})^2$: $S_{(1)}$, $S_{(2)}$, $S_{(k)}$, $S_{(a-1)}$

→ $S_A = n\sum_{i=1}^{a}(\overline{y}_{i.}-\overline{\overline{y}})^2$: $S_{(1)}$, $S_{(2)}$, S_{lof}

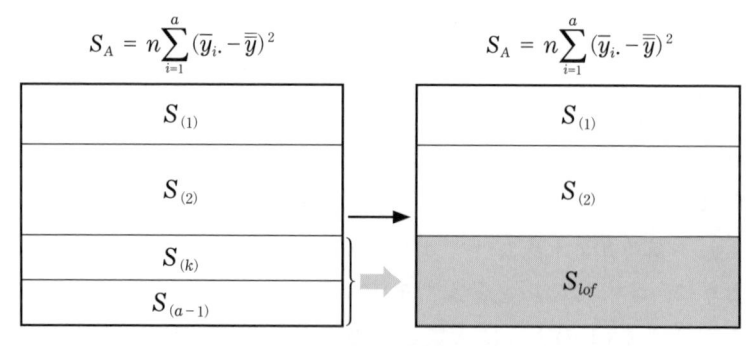

図 3-3-2 当てはまりの悪さへのまとめ

l 次式を仮定し，実際に得られた回帰式が統計的に意味をもつかどうかは式 (3.3.12) の帰無仮説を検定することとなり，例えば $\beta_0 \sim \beta_3$ までのイメージは図 3-3-3 のようになる．

$$H_0 : \beta_1 = \beta_2 = \cdots = \beta_l = 0 \tag{3.3.12}$$

また，l 次式で十分であるかどうかは，$l+1$ 次から $a-1$ 次が意味をもつか

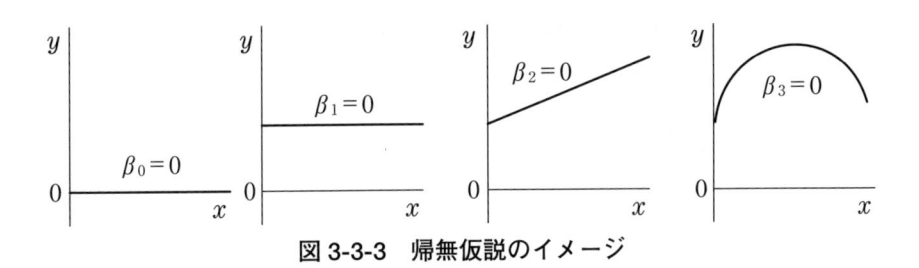

3.3 実験データの解析方法（量的因子）

図 3-3-3　帰無仮説のイメージ

どうかの検定なので，帰無仮説は式(3.3.13)となる．

$$H_0 : \beta_{l+1} = \beta_{l+2} = \cdots = \beta_{a-1} = 0 \tag{3.3.13}$$

しかしながら，次数ごとに検定するのは都合が悪いので，総平方和を式(3.3.14)のように分解する．これを図式化すると図 3-3-4 のようになる．

$$S_T = \sum_{i=1}^{a}\sum_{j=1}^{n}(y_{ij}-\overline{\overline{y}})^2 = \sum_{i=1}^{a}\sum_{j=1}^{n}\{(y_{ij}-\overline{y}_{i\cdot})+(\overline{y}_{i\cdot}-\hat{y}_i)+(\hat{y}_i-\overline{\overline{y}})\}^2$$

$$= \sum_{i=1}^{a}\sum_{j=1}^{n}(y_{ij}-\overline{y}_{i\cdot})^2 + \sum_{i=1}^{a}\sum_{j=1}^{n}(\overline{y}_{i\cdot}-\hat{y}_i)^2 + \sum_{i=1}^{a}\sum_{j=1}^{n}(\hat{y}_i-\overline{\overline{y}})^2$$

$$= S_e + S_{lof} + S_R \tag{3.3.14}$$

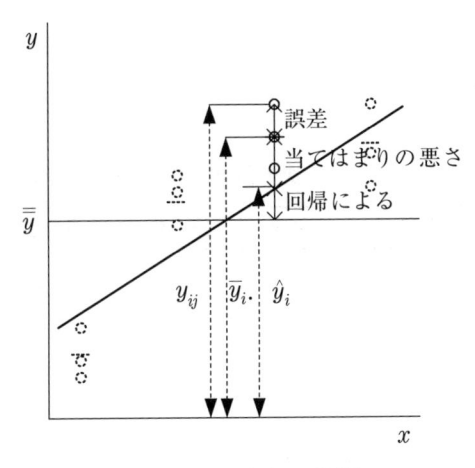

図 3-3-4　平方和の分解

第 3 章　一元配置実験の計画と解析

　回帰による平方和 S_R は予測値と総平均との偏差平方和であり，自由度は定数項を除いた回帰式に含まれる項の数である．

$$S_R = \sum_{i=1}^{a}\sum_{j=1}^{n}(\hat{y}_i - \overline{\overline{y}})^2$$

$$\phi_R = l \tag{3.3.15}$$

　当てはまりの悪さの平方和 S_{lof} は水準での平均値と予測値との偏差平方和であり，自由度は回帰式に含まれない項の数である．

$$S_{lof} = \sum_{i=1}^{a}\sum_{j=1}^{n}(\overline{y}_{i.} - \hat{y}_i)^2$$

$$\phi_{lof} = (a-1) - l \tag{3.3.16}$$

誤差平方和は質的因子の場合と同じに求める．

$$S_e = \sum_{i=1}^{a}\sum_{j=1}^{n}(y_{ij} - \overline{y}_{i.})^2$$

$$\phi_e = a(n-1) \tag{3.3.17}$$

　回帰による平方和 S_R は $a-1$ 次の各次数の回帰成分に分解できるため，k 次の回帰成分の平方和を $S_{(k)}$ とすると式(3.3.18)のようになる．

$$S_R = S_{(1)} + S_{(2)} + \cdots + S_{(a-1)} \tag{3.3.18}$$

　k 次の回帰成分の平方和 $S_{(k)}$ は，k 次式の回帰による平方和 $S_{R(k)}$ と $k-1$ 次式の回帰による平方和 $S_{R(k-1)}$ との差によって求めることができる．

表 3-3-1　2 次の回帰式での分散分析表

要因	平方和	自由度	分散	分散比	限界値
回帰	S_A	$a-1$	V_A	V_A/V_e	$F(\phi_A, \phi_e ; \alpha)$
1 次成分	$S_{(1)}$	1	$V_{(1)}$	$V_{(1)}/V_e$	$F(1, \phi_e ; \alpha)$
2 次成分	$S_{(2)}$	1	$V_{(2)}$	$V_{(2)}/V_e$	$F(1, \phi_e ; \alpha)$
lack of fit	$S_{lof(2)}$	$a-3$	$V_{lof(2)}$	$V_{lof(2)}/V_e$	$F(a-3, \phi_e ; \alpha)$
誤差	S_e	$a(n-1)$	V_e		
計					

$$S_{(k)} = S_{R(k)} - S_{R(k-1)} \tag{3.3.19}$$

以上の結果を分散分析表にまとめて，各次数の回帰成分および当てはまりの悪さについては誤差分散で検定すれば効果の有無を判定できる．

$l = 2$ についての分散分析表を表 3-3-1 に示す．

当てはまりの悪さが有意な場合は 3 次以上の項が必要であることを意味する．

3.3.3 最適条件の推定

分散分析の結果から実験範囲内で 1 次の回帰式になると結論された場合，因子の最適条件は実験範囲内での水準の最大値か最小値となる．2 次の回帰式になると結論された場合には最適条件を x_0 で，このときの特性値の推定値を $\hat{y}_0$ で表すと，x_0 の地点で回帰式はピークとなるはずであるから x_0 で回帰式を微分して 0 とおいた方程式から最適条件 x_0 が求まる（図 3-3-5）．回帰式 $\hat{y}_0 = b_0 + b_1 x_0 + b_2 x_0^2$ を x_0 で微分して 0 とした式 (3.3.20) を導出する．

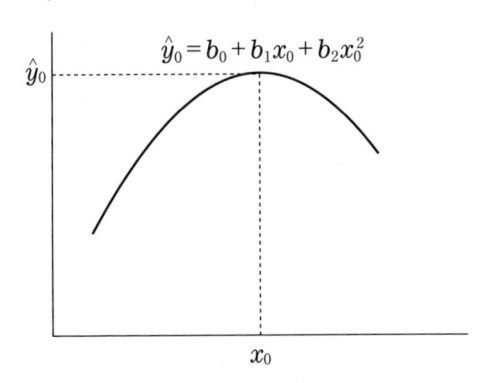

図 3-3-5　最適水準の推定

$$\frac{d\hat{y}_0}{dx_0} = b_1 + 2b_2 x_0 = 0 \tag{3.3.20}$$

これより，最適条件は式 (3.3.21) となる．

$$x_0 = \frac{-b_1}{2b_2} \tag{3.3.21}$$

最適条件での特性値の推定値 $\hat{y}_0$ は回帰式に求めた x_0 を代入して求めるか，$x_0 = \dfrac{-b_1}{2b_2}$ を回帰式に代入して式(3.3.22)を求める．

$$\hat{y}_0 = b_0 + b_1 x_0 + b_2 x_0^2 = b_0 - \frac{b_1^2}{2b_2} + b_2 \left(\frac{-b_1}{2b_2}\right)^2 = b_0 - \frac{b_1^2}{4b_2} \quad (3.3.22)$$

(注 3.2) ここでは最適水準での特性値の点推定値のみを紹介している．区間推定の方法は他の専門書を参照してほしい．

3.3.4 例題

ある化学製品の収率を向上させるために，触媒の添加量を因子 A として取り上げ水準を 1.0, 2.0, 3.0, 4.0 とし，繰り返し 5 回の一元配置実験を行った．その結果を表 3-3-2 に示す．20 回の実験はランダムな順序で実施した．

表 3-3-2 収率のデータ

水準	水準値	データ				
A_1	1.0	30.8	34.9	33.5	34.5	32.2
A_2	2.0	42.1	39.8	37.0	40.6	38.6
A_3	3.0	39.8	38.4	40.5	41.8	42.6
A_4	4.0	36.1	40.6	38.5	39.1	36.9

(1) データのグラフ化

まずはじめに回帰式の次数を検討したいので，そのために散布図を作成する（図 3-3-6）．

図 3-3-6 の散布図から 2 次式の当てはめがよさそうである．

(2) 回帰式の推定

図 3-3-6 の散布図から，2 次式の当てはめがよさそうなので回帰式を次式の多項回帰式を仮定する．

$$y_{ij} = \beta_0 + \beta_1 x_i + \beta_2 x_i^2 + \gamma_i + \varepsilon_{ij}$$

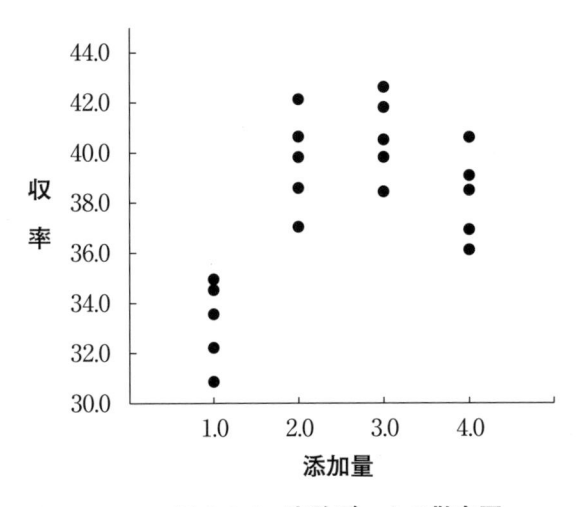

3.3 実験データの解析方法(量的因子)

図 3-3-6 実験データの散布図

ここでは，当てはまりの悪さを小さくするように回帰式を求めるので，解析での回帰式は次式とする．

$$\bar{y}_{i.} = \beta_0 + \beta_1 x_i + \beta_2 x_i^2 + \gamma_i$$

ここで各水準での繰り返しデータの平均を計算した表を用意する(表 3-3-3)．

表 3-3-3 繰り返しデータの平均

水準値	データ					平均
1.0	30.8	34.9	33.5	34.5	32.2	33.18
2.0	42.1	39.8	37.0	40.6	38.6	39.62
3.0	39.8	38.4	40.5	41.8	42.6	40.62
4.0	36.1	40.6	38.5	39.1	36.9	38.24

表 3-3-3 の水準値と平均とで散布図を作成する．Excel では回帰式を求める機能があるので，これを利用して回帰式を計算する．散布図上の点で近似曲線の追加を選択すると，回帰式が表示される．オプションの式の表示を選択しておく．

図 3-3-7 から回帰式が以下のように求まる．

$$\hat{y} = b_0 + b_1 x_i + b_2 x_i^2 = 22.845 + 12.643 x_i - 2.205 x_i^2$$

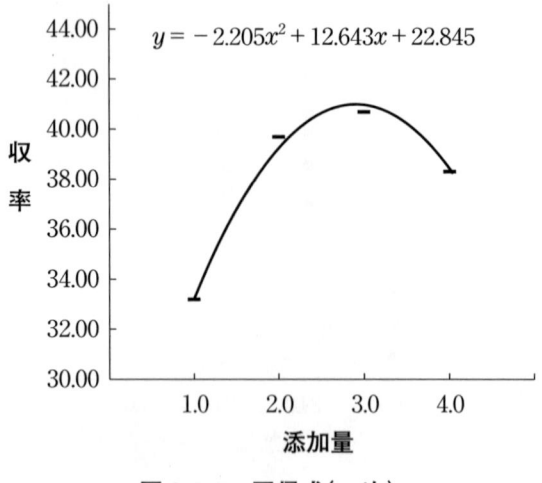

第3章 一元配置実験の計画と解析

図 3-3-7　回帰式（2次）

(3) 分散分析

Excel の近似線の追加から 1 次の回帰式は $\hat{y} = b_0 + b_1 x_i = 33.870 + 1.618 x_i$ と求まる（図 3-3-8）．

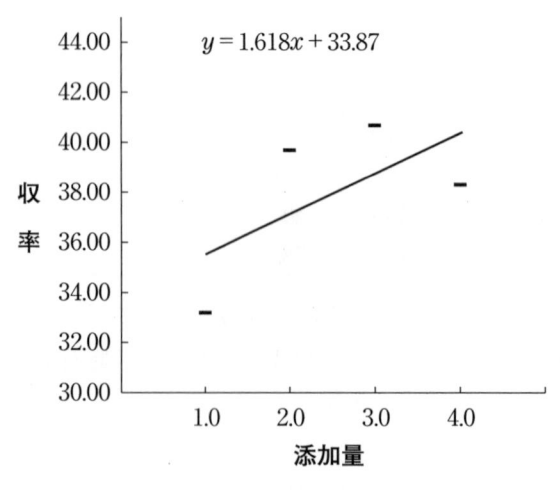

図 3-3-8　回帰式（1次）

3.3 実験データの解析方法(量的因子)

1次の回帰による平方和 $S_{R(1)}$ は回帰式から得られる各水準での予測値と総平均との差の2乗和なので次のように計算できる.

$$S_{R(1)} = \sum_{i=1}^{4} (\hat{y}_i - \overline{\overline{y}})^2$$
$$= (35.488 - 37.92)^2 + (37.106 - 37.92)^2$$
$$+ (38.724 - 37.92)^2 + (40.342 - 37.92)^2$$
$$= 13.090$$

1次での当てはまりの悪さの平方和 $S_{lof\,(1)}$ は, 各水準での予測値と各水準での平均との差の2乗和なので次のように計算できる.

$$S_{lof(1)} = \sum_{i=1}^{4} (\hat{y}_i - \overline{y}_{i\cdot})^2$$
$$= (35.488 - 33.18)^2 + (37.106 - 39.62)^2$$
$$+ (38.724 - 40.62)^2 + (40.342 - 38.24)^2$$
$$= 19.660$$

繰り返し5回の平均値に回帰式を当てはめているので, 平方和も1/5となってしまっている. そこで, 平方和を5倍しておく.

$$S_{R(1)} = n\sum_{i=1}^{4} (\hat{y}_i - \overline{\overline{y}})^2 = 5 \times 13.090 = 65.448$$

$$S_{lof(1)} = n\sum_{i=1}^{4} (\hat{y}_i - \overline{y}_{i\cdot})^2 = 5 \times 19.660 = 98.301$$

2次の回帰式 $\hat{y} = b_0 + b_1 x_i + b_2 x_i^2 = 22.845 + 12.643 x_i - 2.205 x_i^2$ についても同じようにそれぞれの平方和を求める.

$$S_{R(2)} = 162.689$$
$$S_{lof(2)} = 1.061$$

1次の回帰成分の平方和は1次の回帰式の回帰による平方和なので,

$$S_{(1)} = S_{R(1)} = 65.448$$

となる. 2次の回帰成分の平方和は2次の回帰による平方和と1次の回帰による平方和との差なので,

第3章 一元配置実験の計画と解析

$$S_{(2)} = S_{R(2)} - S_{R(1)} = 162.689 - 65.448 = 97.241$$

となる.

一元配置として解析すると，因子平方和 S_A = 163.750，誤差平方和 S_e = 50.156 となるので分散分析表は表3-3-4のようになる.

表 3-3-4　分散分析表

要因	平方和	自由度	分散	分散比	限界値
A	163.750	3	54.583	17.41	3.24
1次	65.448	1	65.448	20.88	4.49
2次	97.241	1	97.241	31.02	4.49
lack of fit	1.061	1	1.061	0.34	4.49
e	50.156	16	3.135		
計	213.906	19			

限界値が $F(1, 16 ; 0.05)$ = 4.49 なので，1次と2次は有意となり，lof が有意ではないので2次式の当てはめで十分であることがわかる.

(4) 最適条件の推定

分散分析の結果から，回帰式は $\hat{y} = b_0 + b_1 x_i + b_2 x_i^2$ = 22.845 + 12.643x_i - 2.205x_i^2 でよいことが判断されたので，最適条件を求める.

$$x_0 = \frac{-b_1}{2b_2} = \frac{-12.643}{2 \times (-2.205)} = 2.87$$

このときの収率 y_0 は回帰式に x_0 を代入して求まる.

$$\hat{y}_0 = b_0 + b_1 x_0 + b_2 x_0^2 = b_0 - \frac{b_1^2}{2b_2} + b_2 \left(\frac{-b_1}{2b_2}\right)^2$$

$$= b_0 - \frac{b_1^2}{4b_2} = 2.845 - \frac{-12.643^2}{4 \times (-2.205)}$$

$$= 40.97$$

収率を最大にする添加量は2.87であり，そのときの収率は40.97となる.

3.3.5 Excel による解法

3.3.4 項の例題の分散分析部分を Excel を使って解く．

Excel には回帰分析の各統計量を計算する LINEST 関数がある．この関数を利用するために水準値と繰り返しの平均を用意する．ここでは2次式の当てはめまで考えるので図 3-3-9 のように水準値の2乗の列も用意する．LINEST 関数は配列関数なので事前に1次であれば5行×2列を，2次であれば5行×3列の範囲を指定しておく．既知の y として収率の平均を既知の x として1次であれば水準値を指定する（図 3-3-10）．関数形式と補正はともに TRUE を入力する．入力後に関数バーで一度クリックをしておいてから Ctrl キーと Shift キーを押したまま Enter キーを押す．

	B	C
28	y	x
29	33.18	1.0
30	39.62	2.0
31	40.62	3.0
32	38.24	4.0

	B	C	G
28	y	x	x^2
29	33.18	1.0	1.0
30	39.62	2.0	4.0
31	40.62	3.0	9.0
32	38.24	4.0	16.0

	E	F	G
28	y	x	x^2
29	33.18	1.0	=F29*F29

図 3-3-9 解析用データの準備

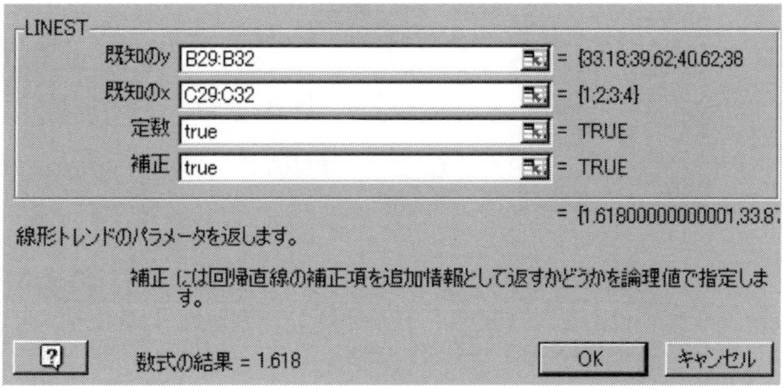

図 3-3-10 LINEST 関数（1次式）の指定

第3章 一元配置実験の計画と解析

■ LINEST 関数で回帰式を解く．

① 1次式の場合（図 3-3-11）

	B	C
28	y	x
29	33.18	1.0
30	39.62	2.0
31	40.62	3.0
32	38.24	4.0
33	b2	b1
34	1.618	33.870
35	1.402	3.840
36	0.400	3.135
37	1.332	2
38	13.090	19.660
39	65.448	98.301

	B	C
34	=LINEST(B29:B32,C29:C32,TRUE,TRUE)	
39	=B38*B3	=C38*B3

図 3-3-11　LINEST 関数（1 次）

② 2次式の場合（図 3-3-12）

	E	F	G
28	y	x	x^2
29	33.18	1.0	1.0
30	39.62	2.0	4.0
31	40.62	3.0	9.0
32	38.24	4.0	16.0
33	b2	b1	b0
34	-2.205	12.643	22.845
35	0.230	1.170	1.282
36	0.994	0.461	#N/A
37	76.675	1	#N/A
38	32.538	0.212	#N/A
39	162.689	1.061	

	E	F	G
34	=LINEST(E29:E32,F29:G32,TRUE,TRUE)		
39	=E38*B3	=F38*B3	

図 3-3-12　LINEST 関数（2 次）

3.4 水準数と繰り返し数

　上記の値は Excel から計算されるが，回帰に使っているデータが 5 個の平均値なので 5 倍しておく必要があり，それは図 3-3-11 と図 3-3-12 の最下段に示してある．回帰による平方和の自由度は回帰式に含めている回帰係数の数となり，当てはまりの悪さの自由度は因子平方和の自由度から回帰による平方和の自由度の差となる．

　以上より図 3-3-13 のような分散分析表を作成する．

	A	B	C	D	E	F
19	要因	平方和	自由度	分散	分散比	限界値
20	A	163.750	3	54.583	17.41	3.24
21	1次	65.448	1	65.448	20.88	4.49
22	2次	97.241	1	97.241	31.02	4.49
23	lof	1.061	1	1.061	0.34	4.49
24	e	50.156	16	3.135		

	A	B	C	D	E	F
21	1次	=B39	1	=B21/C21	=D21/$D$24	=FINV($B$4,C21,$C24)
22	2次	=E39-B39	1	=B22/C22	=D22/$D$24	=FINV($B$4,C22,$C24)
23	lof	=F39	=C20-(C21+C22)	=B23/C23	=D23/$D$24	=FINV($B$4,C23,$C24)

図 3-3-13　分散分析表の作成

3.4　水準数と繰り返し数

　一元配置の実験の計画で必要となるのが水準数と繰り返し数の選択である．取り上げる因子が質的因子であれば水準数は比較したい処理数とすればよい．取り上げる因子が量的因子の場合には実験範囲内における回帰式の次数によって水準数は決まる．実験範囲内において特性が単調に増加あるいは減少するのであれば 1 次式を仮定すればよい．1 次式を仮定した場合に水準数を 2 にしてしまうと当てはまりの悪さの評価ができないので水準数は 3 以上がよい．2 次式を仮定する場合には同じように当てはまりの悪さを評価できるように水準数は 4 以上がよい．

第3章 一元配置実験の計画と解析

各水準での繰り返し数は異なってもよいが，実験誤差の等分散性が崩れた場合に有意水準に与える影響が無視できなくなるので，なるべく各水準での繰り返し数は同じにしておいたほうがよい．繰り返し数は誤差の自由度の大きさ ϕ_e を目安とする．F 表の限界値の変化から，おおむね誤差自由度を 6～20 程度は確保したいので，式(3.4.1)から求めるのがよいと考えられる．

$$\phi_e = a(n-1) = 6 \sim 20 \tag{3.4.1}$$

水準数が多ければ繰り返し数は少なくてもよく，水準数が少ない場合には繰り返し数を多くとる必要がある．

3.5 平方和の分解の数値例

総平方和は残差の2乗和と主効果の2乗和に繰り返し数をかけたものの和に分解されることを数値を使って確かめてみる．

実験データは一般平均と主効果と実験誤差に分解できる．

$$
\begin{array}{ccccccc}
y_{ij} & = & \bar{\bar{y}} & + & \hat{\alpha}_i & + & e_{ij} \\
\begin{bmatrix} 32 & 34 & 30 \\ 41 & 37 & 36 \\ 48 & 45 & 42 \\ 44 & 39 & 40 \end{bmatrix} & = & \begin{bmatrix} 39.00 & 39.00 & 39.00 \\ 39.00 & 39.00 & 39.00 \\ 39.00 & 39.00 & 39.00 \\ 39.00 & 39.00 & 39.00 \end{bmatrix} & + & \begin{bmatrix} -7.00 & -7.00 & -7.00 \\ -1.00 & -1.00 & -1.00 \\ 6.00 & 6.00 & 6.00 \\ 2.00 & 2.00 & 2.00 \end{bmatrix} & + & \begin{bmatrix} 0.00 & 2.00 & -2.00 \\ 3.00 & -1.00 & -2.00 \\ 3.00 & 0.00 & -3.00 \\ 3.00 & -2.00 & -1.00 \end{bmatrix}
\end{array}
$$

一般平均を左辺に移して，実験データの偏差を考える．偏差は主効果と実験誤差とに分解できる．

$$
\begin{array}{ccccc}
y_{ij} - \bar{\bar{y}} & = & \hat{\alpha}_i & + & e_{ij} \\
\begin{bmatrix} -7.00 & -5.00 & -9.00 \\ 2.00 & -2.00 & -3.00 \\ 9.00 & 6.00 & 3.00 \\ 5.00 & 0.00 & 1.00 \end{bmatrix} & = & \begin{bmatrix} -7.00 & -7.00 & -7.00 \\ -1.00 & -1.00 & -1.00 \\ 6.00 & 6.00 & 6.00 \\ 2.00 & 2.00 & 2.00 \end{bmatrix} & + & \begin{bmatrix} 0.00 & 2.00 & -2.00 \\ 3.00 & -1.00 & -2.00 \\ 3.00 & 0.00 & -3.00 \\ 3.00 & -2.00 & -1.00 \end{bmatrix}
\end{array}
$$

偏差も主効果も実験誤差もそれらの和は0になってしまうので，まとめるためには単純な和では不便である．そこで，それぞれを2乗して加えることにする．

$$
\begin{bmatrix} 49.00 & 25.00 & 81.00 \\ 4.00 & 4.00 & 9.00 \\ 81.00 & 36.00 & 9.00 \\ 25.00 & 0.00 & 1.00 \end{bmatrix} = \begin{bmatrix} 49.00 & 49.00 & 49.00 \\ 1.00 & 1.00 & 1.00 \\ 36.00 & 36.00 & 36.00 \\ 4.00 & 4.00 & 4.00 \end{bmatrix} + \begin{bmatrix} 0.00 & 4.00 & 4.00 \\ 9.00 & 1.00 & 4.00 \\ 9.00 & 0.00 & 9.00 \\ 9.00 & 4.00 & 1.00 \end{bmatrix}
$$

$(y_{ij} - \bar{\bar{y}})^2 \qquad = \qquad \hat{\alpha}_i^2 \qquad + \qquad e_{ij}^2$

$\qquad 324.00 \qquad = \qquad 270.00 \qquad + \qquad 54.00$

偏差の2乗和は主効果の2乗和と実験誤差の2乗和とに分かれることが確認できる．

3.6 繰り返し数が異なる場合の解析

繰り返し数が異なる場合には主効果の計算方法が少し変わる．第i水準での繰り返し数をn_iとし，総平均μと各水準での平均μ_iは式(3.6.1)と式(3.6.2)のようになる．

$$\hat{\mu} = \bar{\bar{y}} = \frac{\sum_{i=1}^{a} \sum_{j=1}^{n_i} y_{ij}}{\sum_{i=1}^{a} n_i} \tag{3.6.1}$$

$$\hat{\mu}_i = \bar{y}_{i\cdot} = \frac{\sum_{j=1}^{n_i} y_{ij}}{n_i} \tag{3.6.2}$$

$$\hat{\alpha}_i = \hat{\mu}_i - \hat{\mu} = \frac{\sum_{j=1}^{n_i} y_{ij}}{n_i} - \frac{\sum_{i=1}^{a} \sum_{j=1}^{n_i} y_{ij}}{\sum_{j=1}^{n_i} n_i} \tag{3.6.3}$$

第3章　一元配置実験の計画と解析

これより因子平方和は式(3.6.4)で求まる．

$$S_A = \sum_i^a \sum_j^{n_i} \hat{\alpha}_i^2 = \sum_i^a n_i (\overline{y}_{i.} - \overline{\overline{y}})^2 \tag{3.6.4}$$

繰り返し数が異なるので，第 i 水準での母平均の信頼区間の幅は式(3.6.5)となる．

$$\pm t(\phi_e, \alpha) \sqrt{\frac{V_e}{n_i}} \tag{3.6.5}$$

第 i 水準と第 j 水準での母平均の差における信頼区間の幅は式(3.6.6)となる．

$$\pm t(\phi_e, \alpha) \sqrt{(\frac{1}{n_i} + \frac{1}{n_j}) V_e} \tag{3.6.6}$$

したがって，第 i 水準と第 j 水準での l.s.d は式(3.6.7)となる．

$$l.s.d = t(\phi_e, \alpha) \sqrt{(\frac{1}{n_i} + \frac{1}{n_j}) V_e} \tag{3.6.7}$$

第4章
二元配置実験の計画と解析

4.1　二元配置実験とは

　二元配置実験は，特性 y に影響する要因のなかから，2つの要因を取り上げて行う実験である．実験に取り上げる要因を因子と呼び，記号 A と B で表わす．因子の影響を知るためには因子をいくつかの条件に変化させて実験する必要がある．この条件を水準と呼ぶ．それぞれの水準数は因子名に用いた文字の小文字で表すので，因子 A の水準数は a，因子 B の水準数は b となる．水準は因子名に添え字を付けて「$A_1, A_2, \cdots, A_a$」「$B_1, B_2, \cdots, B_b$」で表す(図4-1-1)．

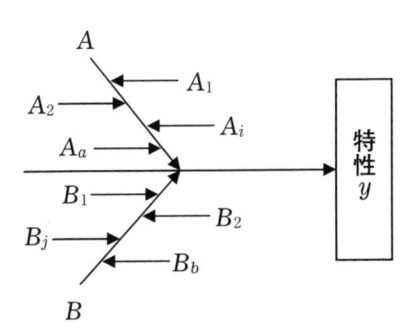

図4-1-1　二元配置の因子と水準

　二元配置実験は2つの因子のすべての水準組合せで実験を行う必要がある．実験誤差を見積もるために実験は各組合せで繰り返しを行う必要があるが，因子間に組合せ効果がない場合には繰り返しを行わなくてもよい．このような実

第4章　二元配置実験の計画と解析

験を繰り返しのない二元配置実験と呼ぶ．繰り返しを行う実験を繰り返しのある二元配置と呼ぶ．各組合せでの繰り返し数は同一とする．

因子 A を a 水準，因子 B を b 水準，繰り返し n 回の二元配置のデータを表 4-1-1 に示す．

表 4-1-1　二元配置実験データ

因子	B_1	B_2	$\cdots$	B_j	$\cdots$	B_b
A_1	y_{111} $\vdots$ y_{11n}	y_{121} $\vdots$ y_{12n}	$\cdots$ $\cdots$	y_{1j1} $\vdots$ y_{1jn}	$\cdots$ $\cdots$	y_{1b1} $\vdots$ y_{1bn}
A_2	y_{211} $\vdots$ y_{21n}	y_{221} $\vdots$ y_{22n}	$\cdots$ $\cdots$	y_{2j1} $\vdots$ y_{2jn}	$\cdots$ $\cdots$	y_{2b1} $\vdots$ y_{2bn}
$\vdots$	$\vdots$	$\vdots$		$\vdots$		$\vdots$
A_i	y_{i11} $\vdots$ y_{i1n}	y_{i21} $\vdots$ y_{i2n}	$\cdots$ $\cdots$	y_{ij1} y_{ijk} y_{ijn}	$\cdots$ $\cdots$	y_{ib1} $\vdots$ y_{ibn}
$\vdots$	$\vdots$	$\vdots$		$\vdots$		$\vdots$
A_a	y_{a11} $\vdots$ y_{a1n}	y_{a21} $\vdots$ y_{a2n}	$\cdots$ $\cdots$	y_{aj1} $\vdots$ y_{ajn}	$\cdots$ $\cdots$	y_{ab1} $\vdots$ y_{abn}

この場合でも実験順序は完全ランダマイズで行う必要があり，abn 回の実験をランダムな順序で実施する．Excel を使用しての実験順序の決め方は一元配置実験と同じように行う．

二元配置実験が一元配置実験と大きく異なる点は，交互作用効果を評価できることにある．交互作用効果は2個以上の因子の組合せによって生じる組合せ効果である．

4.2 実験データの解析方法（質的因子と質的因子）

4.2.1 分散分析

二元配置で取り上げた2因子がともに質的因子の場合には，因子 A の第 i 水準，因子 B の第 j 水準の第 k 回目の実験データを y_{ijk} とするとデータの構造は式(4.2.1)で書かれる．

$$y_{ijk} = \mu + \alpha_i + \beta_j + (\alpha\beta)_{ij} + \varepsilon_{ijk} \tag{4.2.1}$$

μ は実験の場の平均であり総平均（一般平均）と呼ばれる．α は因子 A の主効果を β は因子 B の主効果を表す．$(\alpha\beta)$ は因子 A と B との組合せ効果である交互作用効果を表す．また，ε は実験誤差を表す．

これらには次の制約条件が置かれる．

$$\sum_{i=1}^{a} \alpha_i = 0 \qquad \sum_{j=1}^{b} \beta_j = 0$$

$$\sum_{i=1}^{a} (\alpha\beta)_{ij} = \sum_{j=1}^{b} (\alpha\beta)_{ij} = 0$$

$$\varepsilon_{ijk} \sim N(0, \sigma^2) \tag{4.2.2}$$

二元配置の分散分析は式(4.2.2)のデータの構造に示すように総平方和 S_T を因子 A の平方和 S_A，因子 B の平方和 S_B，交互作用平方和 $S_{A \times B}$ と誤差平方和 S_e に分割する．総平方和 S_T は式(4.2.3)となる．

$$S_T = \sum_{i,j,k=1}^{a,b,n} (y_{ijk} - \overline{\overline{y}})^2 \tag{4.2.3}$$

(注4.1) 表記の煩雑さを避けるために，$\sum_{i=1}^{a}\sum_{j=1}^{b}\sum_{k=1}^{n}$ を $\sum_{i,j,k=1}^{a,b,n}$ と表す．

総平方和の自由度 ϕ_T は独立な偏差の数なので，式(4.2.4)となる．

$$\phi_T = abn - 1 \tag{4.2.4}$$

表4-1-1のように，すべての組合せで同じ回数だけ実験を実施しているので，因子 A を解析するときには因子 B は単純な繰り返しと見なしてよく，また因

第4章 二元配置実験の計画と解析

子 B を解析するときには因子 A を単純な繰り返しと見なしてよい．したがって，それぞれの平方和は繰り返し数×主効果の2乗和で求められる．

因子 A の主効果と因子 B の主効果は一元配置と同じように各水準での平均と総平均との偏差で求められる．因子 A の主効果を式(4.2.5)に因子 B の主効果を式(4.2.6)に示す．

$$\hat{\alpha}_i = \bar{y}_{i..} - \bar{\bar{y}} = \frac{\sum_{j,k=1}^{b,n} y_{ijk}}{bn} - \frac{\sum_{i,j,k=1}^{a,b,n} y_{ijk}}{abn} \tag{4.2.5}$$

$$\hat{\beta}_j = \bar{y}_{.j.} - \bar{\bar{y}} = \frac{\sum_{i,k=1}^{a,n} y_{ijk}}{an} - \frac{\sum_{i,j,k=1}^{a,b,n} y_{ijk}}{abn} \tag{4.2.6}$$

因子 A の平方和と因子 B の平方和は，主効果の2乗和と水準内での繰り返し数の積で求まる．

$$S_A = \sum_{i,j,k=1}^{a,b,n} \hat{\alpha}_i^2 = bn \sum_{i=1}^{a} (\bar{y}_{i..} - \bar{\bar{y}})^2 \tag{4.2.7}$$

$$S_B = \sum_{i,j,k=1}^{a,b,n} \hat{\beta}_j^2 = an \sum_{j=1}^{b} (\bar{y}_{.j.} - \bar{\bar{y}})^2 \tag{4.2.8}$$

これら平方和の自由度は独立な偏差の数なので式(4.2.9)と式(4.2.10)となる．

$$\phi_A = a - 1 \tag{4.2.9}$$
$$\phi_B = b - 1 \tag{4.2.10}$$

交互作用効果 $(\alpha\beta)_{ij}$ は因子の水準組合せによって生ずる効果であり式(4.2.11)で求まる．

$$\widehat{(\alpha\beta)_{ij}} = \bar{y}_{ij.} - \bar{y}_{i..} - \bar{y}_{.j.} + \bar{\bar{y}} \tag{4.2.11}$$

交互作用効果はそれぞれの主効果の和では説明のつかない部分を求めていると考えればよい．

交互作用効果を求めるには，式(4.1.12)で計算される各水準組合せでの繰り返しのデータの平均を求める必要がある．

4.2 実験データの解析方法(質的因子と質的因子)

$$\overline{y}_{ij\cdot} = \frac{\sum_{k=1}^{n} y_{ijk}}{n} \tag{4.2.12}$$

交互作用の平方和 $S_{A\times B}$ も式(4.1.13)に示すように,交互作用効果の2乗和と繰り返し数の積で求まる.

$$S_{A\times B} = \sum_{i,j,k=1}^{a,b,n} \widehat{(\alpha\beta)}_{ij}{}^2 = n\sum_{i,j=1}^{a,b} (\overline{y}_{ij\cdot} - \overline{y}_{i\cdot\cdot} - \overline{y}_{\cdot j\cdot} + \overline{\overline{y}})^2 \tag{4.2.13}$$

この平方和の自由度は独立な偏差の数なので式(4.2.14)となる.

$$\phi_{A\times B} = (a-1)(b-1) \tag{4.2.14}$$

実験誤差は一元配置と同じように繰り返しのデータから式(4.2.15)で求める.

$$e_{ijk} = y_{ijk} - \overline{y}_{ij\cdot} \tag{4.2.15}$$

誤差平方和は誤差の2乗和で求まるので式(4.2.16)となる.

$$S_e = \sum_{i,j,k=1}^{a,b,n} e_{ijk}{}^2 = \sum_{i,j,k=1}^{a,b,n} (y_{ijk} - \overline{y}_{ij\cdot})^2 \tag{4.2.16}$$

誤差自由度は誤差が各繰り返しの内で加えて0なので式(4.2.17)となる.

$$\phi_e = ab(n-1) \tag{4.2.17}$$

平方和と自由度の分解の様子を図4-2-1に示す.

$$S_T = \sum_{i,j,k=1}^{a,b,n} (y_{ijk} - \overline{\overline{y}})^2 \qquad \phi_T = abn - 1$$

$S_A = bn\sum_{i=1}^{a}(\overline{y}_{i\cdot\cdot} - \overline{\overline{y}})^2$	$\phi_A = a-1$
$S_B = an\sum_{j=1}^{b}(\overline{y}_{\cdot j\cdot} - \overline{\overline{y}})^2$	$\phi_B = b-1$
$S_{A\times B} = n\sum_{i,j=1}^{a,b}(\overline{y}_{ij\cdot} - \overline{y}_{i\cdot\cdot} - \overline{y}_{\cdot j\cdot} + \overline{\overline{y}})^2$	$\phi_{A\times B} = (a-1)(b-1)$
$S_e = \sum_{i,j,k=1}^{a,b,n}(y_{ijk} - \overline{y}_{ij\cdot})^2$	$\phi_e = ab(n-1)$

図 4-2-1 平方和と自由度の分解

第4章 二元配置実験の計画と解析

　因子の主効果と交互作用効果が統計的に意味があるかどうかを検定する．これは次の仮説を検定することとなる．

　　因子 A について　　$H_0 : \alpha_1 = \cdots = \alpha_i = \cdots = \alpha_a = 0$
　　因子 B について　　$H_0 : \beta_1 = \cdots = \beta_j = \cdots \beta_b = 0$
　　交互作用について　　$H_0 : (\alpha\beta)_{11} = \cdots = (\alpha\beta)_{ij} = \cdots = (\alpha\beta)_{ab} = 0$

　仮説検定のために表 4-2-1 の分散分析表を作成し判断する．分散比が限界値以上であれば帰無仮説を棄却して効果があると判断する．分散分析の概念を図 4-2-2 に示す．

表 4-2-1　分散分析表

要因	平方和	自由度	分散	分散比	限界値
A	$S_A = bn\sum_{i=1}^{a} \hat{\alpha}_i^2$	$\phi_A = a-1$	$V_A = \dfrac{S_A}{\phi_A}$	$F_0 = \dfrac{V_A}{V_e}$	$F(\phi_A, \phi_e; \alpha)$
B	$S_B = an\sum_{j=1}^{b} \hat{\beta}_j^2$	$\phi_B = b-1$	$V_B = \dfrac{S_B}{\phi_B}$	$F_0 = \dfrac{V_B}{V_e}$	$F(\phi_B, \phi_e; \alpha)$
$A \times B$	$S_{A \times B} = n\sum_{i,j=1}^{a,b} \widehat{(\alpha\beta)}_{ij}^2$	$\phi_{A \times B} = (a-1)(b-1)$	$V_{A \times B} = \dfrac{S_{A \times B}}{\phi_{A \times B}}$	$F_0 = \dfrac{V_{A \times B}}{V_e}$	$F(\phi_{A \times B}, \phi_e; \alpha)$
e	$S_e = \sum_{i,j,k=1}^{a,b,n} e_{ijk}^2$	$\phi_e = ab(n-1)$	$V_e = \dfrac{S_e}{\phi_e}$		
計	$S_T = \sum_{i,j,k=1}^{a,b,n} (y_{ijk} - \overline{\overline{y}})^2$	$\phi_T = abn-1$			

　仮説検定での棄却域の考え方を因子 A を例にして図 4-2-3 に示す．
　分散分析表で効果が小さいと判断された交互作用を誤差に加えることをプーリングと呼ぶ．プーリングの目的は誤差の自由度を大きくして検出力をあげることにある．誤差平方和に交互作用の平方和を，誤差自由度に交互作用の自由度を加えて新しい誤差分散を式 (4.2.18) で構成する．

$$S_e' = S_e + S_{A \times B}$$
$$\phi_e' = \phi_e + \phi_{A \times B}$$

4.2 実験データの解析方法（質的因子と質的因子）

$$S_T = \sum_{i,j,k=1}^{a,b,n} (y_{ijk} - \overline{\overline{y}})^2 \qquad \phi_T = abn - 1$$

$$S_A = bn \sum_{i=1}^{a} (\overline{y}_{i\cdot\cdot} - \overline{\overline{y}})^2$$

$$S_B = an \sum_{j=1}^{b} (\overline{y}_{\cdot j\cdot} - \overline{\overline{y}})^2$$

$$S_{A \times B} = n \sum_{i,j=1}^{a,b} (\overline{y}_{ij\cdot} - \overline{y}_{i\cdot\cdot} - \overline{y}_{\cdot j\cdot} + \overline{\overline{y}})^2$$

$$S_e = \sum_{i,j,k=1}^{a,b,n} (y_{ijk} - \overline{y}_{ij\cdot})^2$$

$$\phi_A = a - 1$$
$$\phi_B = b - 1$$
$$\phi_{A \times B} = (a-1)(b-1)$$
$$\phi_e = ab(n-1)$$

$$V_A = \frac{S_A}{\phi_A} \qquad F_0 = \frac{V_A}{V_e}$$
$$V_B = \frac{S_B}{\phi_B} \qquad F_0 = \frac{V_B}{V_e}$$
$$V_{A \times B} = \frac{S_{A \times B}}{\phi_{A \times B}} \qquad F_0 = \frac{V_{A \times B}}{V_e}$$
$$V_e = \frac{S_e}{\phi_e}$$

図 4-2-2　分散分析の概念

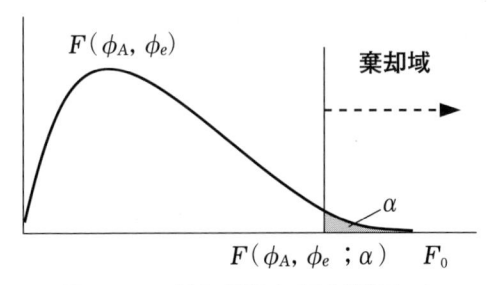

図 4-2-3　帰無仮説棄却域（因子 A）

$$V_e = \frac{S_e}{\phi_e} \tag{4.2.18}$$

新しい誤差分散で再度，要因効果の検定を行う．

プーリングには明確な基準がなく，おおよその目安として次のことがいわれている．

① $F_0 \leq 1.0$ ならば誤差にプールする．
② $F_0 \geq F(\phi_{A \times B}, \phi_e ; \alpha)$ ならばプールしない．
③ $F(\phi_{A \times B}, \phi_e ; \alpha) > F_0 > 1.0$ のときは，$\phi_e < 20$ で $F_0 \leq 2.0 \sim 3.0$ ならばプールする．

第4章 二元配置実験の計画と解析

いずれにしてもプーリングの判断には技術的解釈が重要である．

4.2.2 推定

分散分析の結果から取り上げた因子が特性に影響を及ぼすことが判断できたならば，母平均の推定を行う．母平均の推定は交互作用を推定に含めるかどうかによってその対象と方法が変わる．

(1) 交互作用を含める場合

交互作用を考慮する場合には因子 A と因子 B の組合せでの母平均を推定する．組合せでの母平均を $\mu(A_iB_j)$ で表し，この点推定には繰り返しのデータの平均を使う．

$$\hat{\mu}(A_iB_j) = \hat{\mu} + \hat{\alpha}_i + \hat{\beta}_j + \widehat{(\alpha\beta)}_{ij}$$
$$= \bar{\bar{y}} + (\bar{y}_{i..} - \bar{\bar{y}}) + (\bar{y}_{.j.} - \bar{\bar{y}})$$
$$+ (\bar{y}_{ij.} - \bar{y}_{i..} - \bar{y}_{.j.} + \bar{\bar{y}}) \quad (4.2.19)$$

$$(= \bar{y}_{ij.} = \frac{\sum_{k=1}^{n} y_{ijk}}{n})$$

信頼率 $1-\alpha$ の信頼区間の幅は式 (4.2.20) となる．

$$\pm t(\phi_e, \alpha)\sqrt{\frac{V_e}{n}} \quad (4.2.20)$$

最小有意差 $l.s.d$ (least significant diffence) は式 (4.2.21) となる．

$$l.s.d = t(\phi_e, \alpha)\sqrt{\frac{2V_e}{n}} \quad (4.2.21)$$

(2) 交互作用を含めない場合

交互作用を推定に含めない場合には因子ごとに母平均を推定する．

手順1 因子 A の推定

因子 A の第 i 水準での母平均を $\mu(A_i)$ で表す．点推定値は交互作用が

4.2 実験データの解析方法(質的因子と質的因子)

ないので因子 B の水準を単純な繰り返しと考えて式(4.2.22)で推定する.

$\hat{\mu}(A_i) = \hat{\mu} + \hat{\alpha}_i = \bar{\bar{y}} + (\bar{y}_{i..} - \bar{\bar{y}})$

$$(= \bar{y}_{i..} = \frac{\sum_{j,k=1}^{b,n} y_{ijk}}{bn}) \qquad (4.2.22)$$

信頼率 $1-\alpha$ の信頼区間の幅は式(4.2.23)となる.

$$\pm t(\phi_e, \alpha)\sqrt{\frac{V_e}{bn}} \qquad (4.2.23)$$

最小有意差 $l.s.d$ は式(4.2.24)となる.

$$l.s.d = t(\phi_e, \alpha)\sqrt{\frac{2V_e}{bn}} \qquad (4.2.24)$$

手順2 因子 B の推定

因子 B の第 j 水準での母平均を $\mu(B_j)$ で表す.点推定値は交互作用がないので因子 A の水準を単純な繰り返しと考えて式(4.2.25)で推定する.

$\hat{\mu}(B_j) = \hat{\mu} + \hat{\beta}_j = \bar{\bar{y}} + (\bar{y}_{.j.} - \bar{\bar{y}})$

$$(= \bar{y}_{.j.} = \frac{\sum_{i,k=1}^{a,n} y_{ijk}}{an}) \qquad (4.2.25)$$

信頼率 $1-\alpha$ の信頼区間の幅は式(4.2.26)となる.

$$\pm t(\phi_e, \alpha)\sqrt{\frac{V_e}{an}} \qquad (4.2.26)$$

最小有意差 $l.s.d$ は式(4.2.27)となる.

$$l.s.d = t(\phi_e, \alpha)\sqrt{\frac{2V_e}{an}} \qquad (4.2.27)$$

手順3 最適水準での推定

交互作用を含めていないので因子 A を推定する場合には因子 B は単純な繰り返しと考えており,また因子 B を推定する場合には因子 A を単純な繰り返しと考えて推定してきたが,最適条件での推定では,因子

第4章 二元配置実験の計画と解析

A の最適水準と因子 B の最適水準とを組み合せた条件での母平均の推定を行う必要がある．交互作用を含めた場合には組合せでの繰り返しのデータの平均で母平均を推定したが，交互作用を含めない場合にはもう少し精度のよい推定を行う．$\mu(A_iB_j)$ の推定は式(4.2.28)のように行う．

$$\hat{\mu}(A_iB_j) = \hat{\mu} + \hat{\alpha}_i + \hat{\beta}_j = \overline{\overline{y}} + (\overline{y}_{i..} - \overline{\overline{y}}) + (\overline{y}_{.j.} - \overline{\overline{y}}) \tag{4.2.28}$$

$$(= \overline{y}_{i..} + \overline{y}_{.j.} - \overline{\overline{y}} = \frac{\sum_{j,k=1}^{b,n} y_{ijk}}{bn} + \frac{\sum_{i,k=1}^{a,n} y_{ijk}}{an} - \frac{\sum_{i,j,k=1}^{a,b,n} y_{ijk}}{abn})$$

信頼率 $1-\alpha$ の信頼区間の幅は式(4.2.29)となる．

$$\pm t(\phi_e, \alpha)\sqrt{\frac{V_e}{n_e}} \tag{4.2.29}$$

式(4.2.29)中の n_e を有効繰り返し数あるいは有効反復数と呼び，式(4.2.30)あるいは式(4.2.31)で求める．

$$\frac{1}{n_e} = \frac{1}{bn} + \frac{1}{an} - \frac{1}{abn} \quad \text{(伊奈の式)} \tag{4.2.30}$$

$$n_e = \frac{abn}{\phi_A + \phi_B + 1} \quad \text{(田口の式)} \tag{4.2.31}$$

4.2.3 例題

アパレルメーカG社では通気性のよい肌着の開発を行っている．因子 A として繊維の種類を3水準，因子 B として織り方の種類を4水準として二元配置の実験を行った．

繊維と織り方には交互作用がありうるので繰り返しを2回とした．特性値は単位時間・単位面積当たりの通気量で値が大きいほど通気性がよい．なお，24回の実験はランダムな順で実施した．通気量のデータを**表4-2-2**に示す．

4.2 実験データの解析方法(質的因子と質的因子)

表 4-2-2 通気量(cc)

因子	B_1	B_2	B_3	B_4
A_1	16	22	20	26
	17	25	24	20
A_2	21	24	22	16
	20	26	25	24
A_3	16	20	19	13
	18	23	21	16

(1) データのグラフ化

実験データを図 4-2-4 に示す.

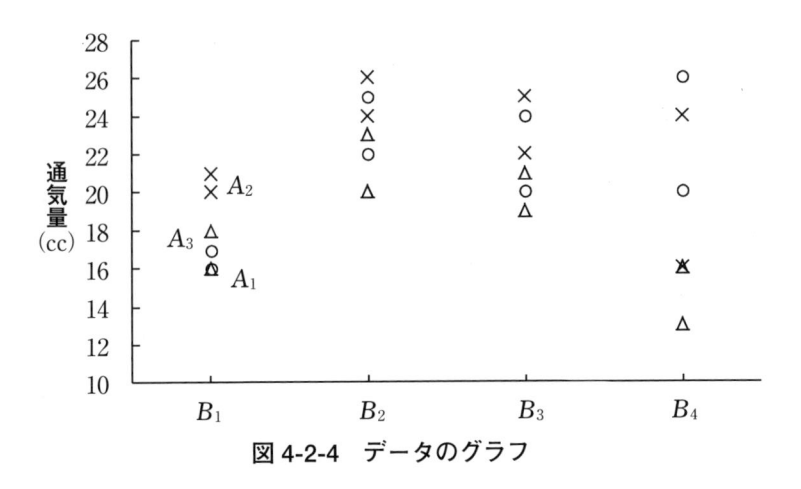

図 4-2-4 データのグラフ

グラフから次が読み取れる.

① とくに飛び離れた値はない.
② 誤差のばらつきはほぼ同じようである.
③ 因子 A と B ともに効果がありそう.
④ 交互作用は小さそう.
⑤ 通気性を大きくする水準は A_2B_2 のようである.

第4章　二元配置実験の計画と解析

(2) 分散分析

手順1 平方和と自由度の計算

① 総平均の計算

$$\bar{\bar{y}} = \frac{\sum_{i,j,k=1}^{a,b,n} y_{ijk}}{abn} = \frac{16+22+20+\cdots+16}{3\times 4\times 2} = 20.58$$

② 総平方和と自由度の計算

$$S_T = \sum_{i,j,k=1}^{a,b,n}(y_{ijk}-\bar{\bar{y}}) = (16-20.58)^2 + (17-20.58)^2 + \cdots + (16-20.58)^2$$

$$= 307.83$$

$$\phi_T = abn - 1 = 3 \times 4 \times 2 - 1 = 23$$

③ 因子平方和と自由度の計算

主効果を計算するために表 4-2-3 のような計算表を作成する．

表 4-2-3　計算表

因　子	B_1	B_2	B_3	B_4	$\bar{y}_{i..}$	$\hat{\alpha}_i$
A_1	16 17	22 25	20 24	26 20	21.25	0.67
A_2	21 20	24 26	22 25	16 24	22.25	1.67
A_3	16 18	20 23	19 21	13 16	18.25	−2.33
$\bar{y}_{.j.}$	18.00	23.33	21.83	19.17	20.58	0.00
$\hat{\beta}_j$	−2.58	2.75	1.25	−1.42	0.00	

例として，因子 A の第 1 水準について計算する．

$$\bar{y}_{1..} = \frac{\sum_{j,k=1}^{b,n} y_{1jk}}{bn} = \frac{16+22+20+\cdots+20}{4\times 2} = 21.25$$

$$\hat{\alpha}_1 = \bar{y}_{1..} - \bar{\bar{y}} = 21.25 - 20.58 = 0.67$$

4.2 実験データの解析方法(質的因子と質的因子)

因子 A と因子 B の平方和は主効果の 2 乗和と繰り返し数の積で求まる.

$$S_A = \sum_{i,j,k=1}^{a,b,n} \hat{\alpha}_i^2 = bn\sum_{i}^{a}(\overline{y}_{i..} - \overline{\overline{y}})^2 = 4 \times 2 \times \{0.67^2 + 1.67^2 + (-2.33)^2\} = 69.33$$

$$S_B = \sum_{i,j,k=1}^{a,b,n} \hat{\beta}_j^2 = an\sum_{j=1}^{b}(\overline{y}_{.j.} - \overline{\overline{y}})^2 = 3 \times 2 \times \{(-2.58)^2 + 2.75^2 + 1.25^2 + (1.42)^2\}$$

$$= 106.83$$

$\phi_A = 3 - 1 = 2$

$\phi_B = 4 - 1 = 3$

手順 2 交互作用平方和と自由度の計算

交互作用効果を求めるために各水準組合せでの繰り返しのデータの平均を求め,表 4-2-4 の計算表を作成する.

表 4-2-4 繰り返しのデータの平均

因子	B_1	B_2	B_3	B_4
A_1	16.5	23.5	22.0	23.0
A_2	20.5	25.0	23.5	20.0
A_3	17.0	21.5	20.0	14.5

例として,因子 A の第 1 水準と因子 B の第 1 水準での組合せでの繰り返しのデータの平均を計算する.

$$\overline{y}_{11.} = \frac{16+17}{2} = 16.5$$

水準組合せでの交互作用効果を計算し,表 4-2-5 のような交互作用効果表を作成する.

表 4-2-5 交互作用効果

因子	B_1	B_2	B_3	B_4	計
A_1	-2.17	-0.50	-0.50	3.17	0.00
A_2	0.83	0.00	0.00	-0.83	0.00
A_3	1.33	0.50	0.50	-2.33	0.00
計	0.00	0.00	0.00	0.00	0.00

第4章 二元配置実験の計画と解析

例として因子 A の第1水準と因子 B の第1水準での交互作用効果を計算する．

$$\widehat{(\alpha\beta)}_{11} = \bar{y}_{11\cdot} - \bar{y}_{1\cdot\cdot} - \bar{y}_{\cdot 1\cdot} + \bar{\bar{y}}$$
$$= 16.5 - 21.25 - 18.00 + 20.58 = -2.17$$

交互作用の平方和 $S_{A\times B}$ も交互作用効果の2乗和と繰り返し数の積で求まる．

$$S_{A\times B} = \sum_{i,j,k=1}^{a,b,n} \widehat{(\alpha\beta)}_{ij}^{\,2} = n\sum_{i,j=1}^{a,b} (\bar{y}_{ij\cdot} - \bar{y}_{i\cdot\cdot} - \bar{y}_{\cdot j\cdot} + \bar{\bar{y}})^2$$
$$= 2 \times \{(-2.17)^2 + (-0.50)^2 + \cdots + (-2.33)^2\} = 48.67$$

$\phi_{A\times B} = (3-1) \times (4-1) = 6$

手順3 誤差平方和と自由度の計算

実験誤差は**表 4-2-2** の繰り返しのデータから**表 4-2-4** の水準組合せでの平均を引いて計算する（**表 4-2-6**）．

表 4-2-6　実験誤差

因子	B_1	B_2	B_3	B_4
A_1	-0.5	-1.5	-2.0	3.0
	0.5	1.5	2.0	-3.0
A_2	0.5	-1.0	-1.5	-4.0
	-0.5	1.0	1.5	4.0
A_3	-1.0	-1.5	-1.0	-1.5
	1.0	1.5	1.0	1.5

例として，因子 A の第1水準と因子 B の第1水準での第1回目の実験誤差を計算する．

$e_{111} = y_{111} - \bar{y}_{11\cdot} = 16 - 16.5 = -0.5$

誤差平方和は誤差の2乗和で計算する．

$$S_e = \sum_{i,j,k=1}^{a,b,n} e_{ijk}^{\,2} = \sum_{i,j,k=1}^{a,b,n} (y_{ijk} - \bar{y}_{ij\cdot})^2$$

4.2 実験データの解析方法(質的因子と質的因子)

$$= (-0.5)^2 + 0.5^2 + \cdots + 1.5^2 = 83.00$$
$$\phi_e = ab(n-1) = 3 \times 4 \times (2-1) = 12$$

手順4 分散分析表の作成

それぞれの効果が大きいかどうかを判定するために表 4-2-7 の分散分析表を作成し,判定する.

表 4-2-7 分散分析表

要因	平方和	自由度	分散	分散比	限界値
A	69.33	2	34.665	5.01	3.89
B	106.83	3	35.610	5.15	3.49
$A \times B$	48.67	6	8.111	1.17	3.00
e	83.00	12	6.917		
計	307.83	23			

分散分析の結果から因子 A と因子 B の主効果は有意となった.交互作用効果は有意とはならなかった.

誤差自由度が 12 と小さく,交互作用の分散比も 1.17 と小さいので誤差と見なして交互作用を誤差にプーリングして,分散分析表を作り直す(表 4-2-8).

$$S_e = S_e + S_{A \times B} = 83.00 + 48.67 = 131.67$$
$$\phi_e = \phi_e + \phi_{A \times B} = 12 + 6 = 18$$

表 4-2-8 プーリング後の分散分析表

要因	平方和	自由度	分散	分散比	限界値
A	69.33	2	34.665	4.74	3.55
B	106.83	3	35.610	4.87	3.16
e	131.67	18	7.315		
計	307.83	23			

(注 4.2) 分散分析表で有意水準 5%で有意な場合には,分散比の値の右肩に ＊ をつけてわかりやすくする慣習もある.

第4章 二元配置実験の計画と解析

因子 A と因子 B の主効果は有意となり，通気性に対して繊維の種類と織り方の種類が影響することが判断される．

(3) 推定

分散分析の結果から取り上げた因子が特性に影響を及ぼすことが判断できたので，母平均の推定を行う．母平均の推定は交互作用を推定に含めるかどうかによってその対象と方法が変わる．ここでは両方を説明する．

手順1 交互作用を含める場合

交互作用を考慮する場合には因子 A と因子 B の組合せでの母平均 $\mu(A_i B_j)$ を推定する．今回の例では交互作用が有意とはならなかったが，交互作用を含めて推定した結果を表 4-2-9 に示す．

表 4-2-9 推定結果

因子	B_1	B_2	B_3	B_4
A_1	16.5	23.5	22.0	23.0
A_2	20.5	25.0	23.5	20.0
A_3	17.0	21.5	20.0	14.5

例として，表 4-2-3 と表 4-2-5 を使って $A_1 B_1$ での母平均の点推定値を計算する．

$$\hat{\mu}(A_1 B_1) = \hat{\mu} + \hat{\alpha}_1 + \hat{\beta}_1 + \widehat{(\alpha\beta)}_{11}$$
$$= \overline{\overline{y}} + (\overline{y}_{1..} - \overline{\overline{y}}) + (\overline{y}_{.1.} - \overline{\overline{y}}) + (\overline{y}_{11.} - \overline{y}_{1..} - \overline{y}_{.1.} + \overline{\overline{y}})$$
$$= 20.58 + 0.67 + (-2.58) + (-2.17) = 16.5$$

信頼率 95% の信頼区間の幅と l.s.d を求める．

$$\pm t(\phi_e, \alpha)\sqrt{\frac{V_e}{n}} = \pm t(12, 0.05)\sqrt{\frac{6.917}{2}}$$
$$= \pm 2.179 \times 1.860 = \pm 4.05$$

4.2 実験データの解析方法（質的因子と質的因子）

$$l.s.d = t(\phi_e, \alpha)\sqrt{\frac{2V_e}{n}} = t(12, 0.05)\sqrt{\frac{2 \times 6.917}{2}}$$

$$= 2.179 \times 2.631 = 5.73$$

これらを図 4-2-5 に示す．

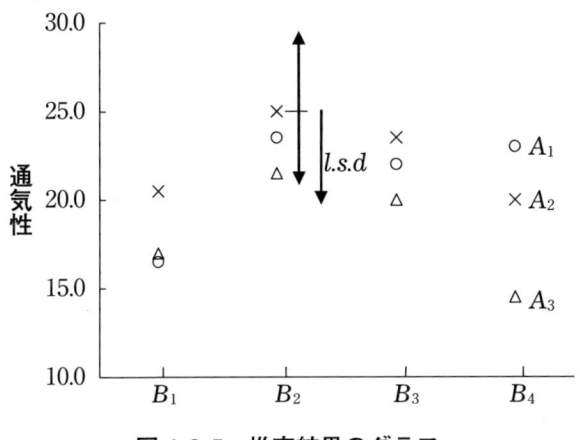

図 4-2-5　推定結果のグラフ

手順 2　交互作用を含めない場合

交互作用を推定に含めない場合には因子ごとに母平均を推定する．

① 因子 A の推定

例として，A_1 での母平均の点推定値を求める．

$$\hat{\mu}(A_1) = \hat{\mu} + \hat{\alpha}_1 = \bar{\bar{y}} + (\bar{y}_{1..} - \bar{\bar{y}})$$

$$= 20.58 + 0.67 = 21.3$$

信頼率 95% の信頼区間と $l.s.d$ を求める．

$$\pm t(\phi_e, \alpha)\sqrt{\frac{V_e}{bn}} = \pm t(18, 0.05)\sqrt{\frac{7.315}{8}}$$

$$= \pm 2.101 \times 0.956 = \pm 2.01$$

$$l.s.d = t(\phi_e, \alpha)\sqrt{\frac{2V_e}{bn}} = t(18, 0.05)\sqrt{\frac{2 \times 7.315}{8}}$$

第 4 章　二元配置実験の計画と解析

$$= 2.101 \times 1.352 = 2.84$$

他の水準についても計算した結果を表 4-2-10 と図 4-2-6 に示す．

表 4-2-10　因子 A の推定

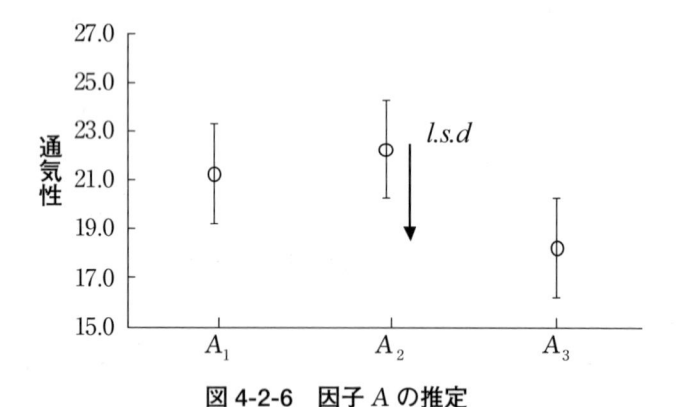

因　子	点推定値	下側信頼限界	上側信頼限界
A_1	21.3	19.2	23.3
A_2	22.3	20.2	24.3
A_3	18.3	16.2	20.3

図 4-2-6　因子 A の推定

② 因子 B の推定

例えば，B_1 での母平均の点推定値を求める．

$$\hat{\mu}(B_1) = \hat{\mu} + \hat{\beta}_1 = \bar{\bar{y}} + (\bar{y}_{\cdot 1 \cdot} - \bar{\bar{y}}) = 20.58 + (-2.58) = 18.0$$

信頼率 95% の信頼区間と $l.s.d$ を求める．

$$\pm t(\phi_e, \alpha)\sqrt{\frac{V_e}{an}} = \pm t(18, 0.05)\sqrt{\frac{7.315}{6}}$$

$$= \pm 2.101 \times 1.104 = \pm 2.32$$

$$l.s.d = t(\phi_e, \alpha)\sqrt{\frac{2V_e}{an}} = t(18, 0.05)\sqrt{\frac{2 \times 7.315}{6}}$$

$$= 2.101 \times 1.561 = 3.28$$

4.2 実験データの解析方法(質的因子と質的因子)

ほかの水準についても計算した結果を表 4-2-11 と図 4-2-7 に示す．

表 4-2-11 因子 B の推定

因　子	点推定値	下側信頼限界	上側信頼限界
B_1	18.0	15.7	20.3
B_2	23.3	21.0	25.7
B_3	21.8	19.5	24.2
B_4	19.2	16.8	21.5

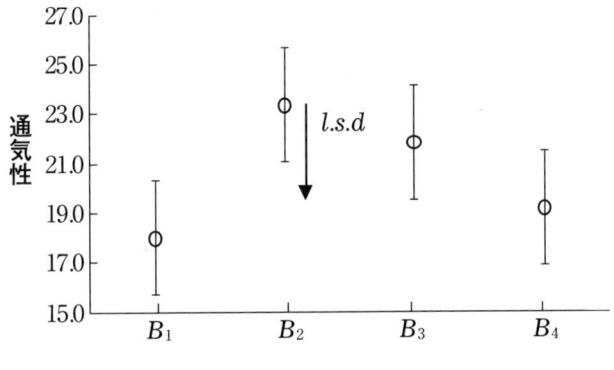

図 4-2-7 因子 B の推定

③ 最適水準での推定

　因子 A の最適水準と因子 B の最適水準とを組み合せた条件での母平均 $\mu(A_iB_j)$ を推定する．因子 A は A_2 が因子 B は B_2 がよいので $\mu(A_2B_2)$ の推定を行う．

$$\hat{\mu}(A_2B_2) = \hat{\mu} + \hat{\alpha}_2 + \hat{\beta}_2 = \overline{\overline{y}} + (\overline{y}_{2..} - \overline{\overline{y}}) + (\overline{y}_{.2.} - \overline{\overline{y}})$$
$$= 20.58 + 1.67 + 2.75 = 25.0$$

または，

$$\hat{\mu}(A_2B_2) = \overline{y}_{2..} + \overline{y}_{.2.} - \overline{\overline{y}}$$
$$= 22.25 + 23.33 - 20.58 = 25.0$$

第4章　二元配置実験の計画と解析

信頼率95%の信頼区間の幅は次のようになる．

$$\pm t(\phi_e, \alpha)\sqrt{\frac{V_e}{n_e}} = \pm t(18, 0.05)\sqrt{\frac{7.315}{4}}$$

$$= \pm 2.101 \times 1.352 = \pm 2.84$$

ただし，有効繰り返し数は次式の値を使う．

$$n_e = \frac{abn}{\phi_A + \phi_B + 1} = \frac{24}{2+3+1} = 4$$

$$\frac{1}{n_e} = \frac{1}{bn} + \frac{1}{an} - \frac{1}{abn} = \frac{1}{8} + \frac{1}{6} - \frac{1}{24} = \frac{1}{4}$$

4.2.4　Excelでの解法

4.2.3項の例題をExcelを使って解く．まずB2セルに因子Aの水準数である3を，B3セルに因子Bの水準数である4を，さらにB4セルに繰り返し数の2を入力しておく．B5セルの有意水準は0.05とする．

① 総平均を計算する（図4-2-8）．

	H
9	20.58

	H
9	=AVERAGE(D3:G8)

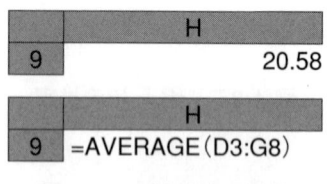

図4-2-8　総平均の計算

② 因子Aについて平均と主効果および主効果の2乗を計算する（図4-2-9）．

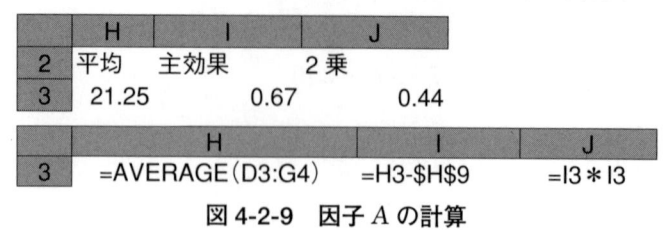

	H	I	J
2	平均	主効果	2乗
3	21.25	0.67	0.44

	H	I	J
3	=AVERAGE(D3:G4)	=H3-$H$9	=I3*I3

図4-2-9　因子Aの計算

4.2 実験データの解析方法(質的因子と質的因子)

③ 因子 B について平均と主効果および主効果の 2 乗を計算する(図 4-2-10).

	C	D
9	平均	18.00
10	主効果	-2.58
11	2 乗	6.67

	C	D
9	平均	=AVERAGE(D3:D8)
10	主効果	=D9-$H$9
11	2 乗	=D10*D10

図 4-2-10　因子 B の計算

④ 因子 A と B の平方和と総平方和を計算する(図 4-2-11).

	H	I	J
9	20.58	0.00	8.67
10	0.00		69.33
11	17.81	106.83	307.83

	H	I	J
9	=AVERAGE(D3:G8)	=SUM(I3:I7)	=SUM(J3:J7)
10	=SUM(D10:G10)		=B3*B4*J9
11	=SUM(D11:G11)	=B2*B4*H11	=DEVSQ(D3:G8)

図 4-2-11　因子 A と B の平方和と総平方和の計算

⑤ 繰り返しの平均を計算する(図 4-2-12).

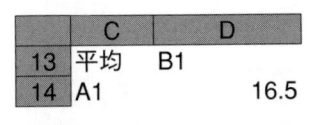

	C	D
13	平均	B1
14	A1	16.5

	C	D
13	平均	B1
14	A1	=AVERAGE(D3:D4)

図 4-2-12　繰り返しの平均の計算

第 4 章　二元配置実験の計画と解析

⑥　交互作用効果を計算する（図 4-2-13）．

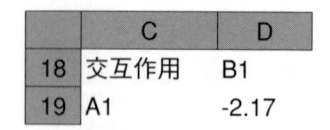

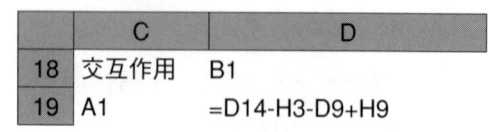

	C	D
18	交互作用	B1
19	A1	-2.17

	C	D
18	交互作用	B1
19	A1	=D14-H3-D9+H9

図 4-2-13　交互作用の計算

⑦　交互作用の平方和を計算する（図 4-2-14）．

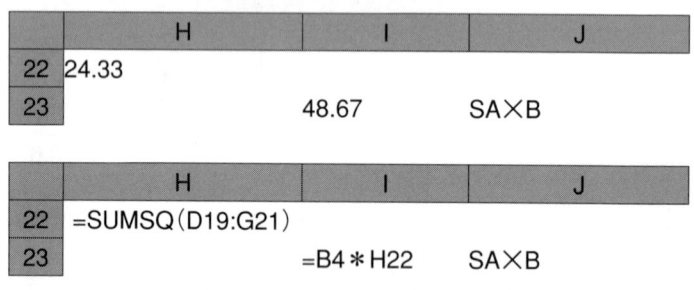

	H	I	J
22	24.33		
23		48.67	SA×B

	H	I	J
22	=SUMSQ(D19:G21)		
23		=B4*H22	SA×B

図 4-2-14　交互作用の平方和の計算

⑧　誤差を計算する（図 4-2-15）．

	C	D
24	誤差	B1
25	A1	-0.5
26		0.5

	C	D
24	誤差	B1
25	A1	=D3-D14
26		=D4-D14

図 4-2-15　誤差の計算

4.2 実験データの解析方法(質的因子と質的因子)

⑨ 誤差の平方和を計算する(図 4-2-16).

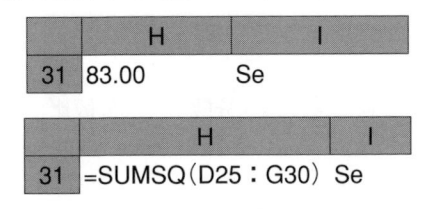

	H	I
31	83.00	Se

	H	I
31	=SUMSQ(D25：G30)	Se

図 4-2-16　誤差の平方和の計算

⑩ 分散分析表を作成する(図 4-2-17).

	B	C	D	E	F	G
33		分散分析表				
34	要因	平方和	自由度	分散	分散比	限界値
35	A	69.33	2	34.67	5.01	3.89
36	B	106.83	3	35.61	5.15	3.49
37	A x B	48.67	6	8.11	1.17	3.00
38	誤差	83.00	12	6.92		
39	計	307.83	23			

	B	C	D	E	F	G
33		分散分析表				
34	要因	平方和	自由度	分散	分散比	限界値
35	A	=J10	=B2-1	=C35/D35	=E35/$E38	=FINV($B$5,D35,$D$38)
36	B	=I11	=B3-1	=C36/D36	=E36/$E38	=FINV($B$5,D36,$D$38)
37	A x B	=I23	=D35*D36	=C37/D37	=E37/$E38	=FINV($B$5,D37,$D$38)
38	誤差	=H31	=B2*B3*(B4-1)	=C38/D38		
39	計	=J11	=B2*B3*B4-1			

図 4-2-17　分散分析表の作成

第4章 二元配置実験の計画と解析

⑪ 交互作用を誤差にプールして分散分析表を作成し直す(図 4-2-18).

	B	C	D	E	F	G
42		分散分析表				
43	要因	平方和	自由度	分散	分散比	限界値
44	A	69.33	2	34.67	4.74	3.55
45	B	106.83	3	35.61	4.87	3.16
46	誤差	131.67	18	7.31		

	B	C	D	E	F	G
42		分散分析表				
43	要因	平方和	自由度	分散	分散比	限界値
44	A	69.33	2	34.67	=E44/$E$46	=FINV($B$5,D44,$D$46)
45	B	106.83	3	35.61	=E45/$E$46	=FINV($B$5,D45,$D$46)
46	誤差	=C37+C38	=D37+D38	=C46/D46		

図 4-2-18 プールした分散分析表の作成

⑫ 因子 A について点推定値と区間推定を計算する(図 4-2-19).

	B	C	D	E
49		点推定値	下側信頼限界	上側信頼限界
50	A1	21.3	19.2	23.3
51	A2	22.3	20.2	24.3
52	A3	18.3	16.2	20.3
53	幅	2.01		
54	l.s.d	2.84		

	B	C	D	E
49		点推定値	下側信頼限界	上側信頼限界
50	A1	=$H$9+I3	=C50-$C$53	=C50+$C$53
53	幅	=TINV(B5,D46)*SQRT(E46/(B3*B4))		
54	l.s.d	=TINV(B5,D46)*SQRT(2*E46/(B3*B4))		

図 4-2-19 因子 A の推定

4.2 実験データの解析方法（質的因子と質的因子）

⑬ 因子 B について点推定値と区間推定を計算する（図 4-2-20）.

	B	C	D	E
55		点推定値	下側信頼限界	上側信頼限界
56	B1	18.0	15.7	20.3
57	B2	23.3	21.0	25.7
58	B3	21.8	19.5	24.2
59	B4	19.2	16.8	21.5
60	幅	2.32		
61	l.s.d	3.28		

	B	C	D	E
55		点推定値	下側信頼限界	上側信頼限界
56	B1	=$H$9+D10	=C56-$C$60	=C56+$C$60
60	幅	=TINV(B5,D46)*SQRT(E46/(B2*B4))		
61	l.s.d	=TINV(B5,D46)*SQRT(2*E46/(B2*B4))		

図 4-2-20　因子 B の推定

⑭ 組合せでの母平均を推定する（図 4-2-21）.

	B	C
62		B1
63	A1	18.7
64	A2	19.7
65	A3	15.7
66	幅	2.84

	B	C
62		B1
63	A1	=$H$9+I3+D10
66	幅	=TINV(B5,D46)*SQRT((1/(B3*B4)+1/(B2*B4)-1/(B2*B3*B4))*E46)

図 4-2-21　組合せでの推定

第4章 二元配置実験の計画と解析

4.3 実験データの解析方法(量的因子と量的因子)

4.3.1 回帰モデル

繰り返しのある二元配置で取り上げた2因子がともに量的因子の場合には，回帰モデルを仮定して解析する．因子 A の第 i 水準，因子 B の第 j 水準の第 k 回目の実験データを y_{ijk} とし，因子 A の水準値を x_1 と因子 B の水準値を x_2 で表すとする．回帰式は式(4.3.1)を仮定する．

$$y_{ijk} = \beta_0 + \beta_1 x_{1i} + \beta_2 x_{2j} + \beta_{11} x_{1i}^2 + \beta_{22} x_{2j}^2 + \beta_{12} x_{1i} x_{2j} + \gamma_{ij} + \varepsilon_{ijk} \tag{4.3.1}$$

回帰係数 β_1 と β_{11} はそれぞれ因子 A の1次と2次の係数を β_2 と β_{22} はそれぞれ因子 B の1次と2次の係数を表す．β_{12} は交互作用効果の係数を表す．γ_{ij} は回帰式の当てはまりの悪さ(lack of fit)を表す項である．回帰係数の推定は繰り返しの平均について式(4.3.2)の回帰モデルを仮定し，当てはまりの悪さが最小になるように求める．

$$\bar{y}_{ij \cdot} = \beta_0 + \beta_1 x_{1i} + \beta_2 x_{2j} + \beta_{11} x_{1i}^2 + \beta_{22} x_{2j}^2 + \beta_{12} x_{1i} x_{2j} + \gamma_{ij} \tag{4.3.2}$$

(注 4.3) 本書では，簡明のために回帰式を式(4.3.1)のように仮定しているが，式(4.3.3)のように水準値から水準値の平均を引いてから2乗した項，あるいは積の項を追加した回帰式で解いたほうが統計的には良い性質をもつ．

$$\begin{aligned}y_{ijk} = {} & \beta_0 + \beta_1 x_{1i} + \beta_2 x_{2j} + \beta_{11} (x_{1i} - \bar{x}_1)^2 + \beta_{22} (x_{2j} - \bar{x}_2)^2 \\ & + \beta_{12} (x_{1i} - \bar{x}_1)(x_{2j} - \bar{x}_2) + \gamma_{ij} + \varepsilon_{ijk}\end{aligned} \tag{4.3.3}$$

4.3.2 分散分析

仮定した回帰式が統計的に意味があるかどうかを検討する．帰無仮説は式(4.3.4)となる．

$$H_0 : \beta_1 = \beta_2 = \beta_{11} = \beta_{22} = \beta_{12} = 0 \tag{4.3.4}$$

この仮説検定は分散分析による．総平方和 S_T を式(4.3.5)のように分解する．

$$S_T = S_A + S_B + S_{A \times B} + S_e \tag{4.3.5}$$

図 4-3-1 に示すように因子平方和と交互作用平方和は，さらに回帰による平

4.3 実験データの解析方法（量的因子と量的因子）

$$S_T = \sum_{i,j,k=1}^{a,b,n}(y_{ijk}-\overline{\overline{y}})^2$$

$S_A + S_B + S_{A\times B}$

$S_A + S_B + S_{A\times B}$

$$S_R = \sum_{i,j,k=1}^{a,b,n}(\hat{y}_{ij}-\overline{\overline{y}})^2 \quad \text{回帰による平方和}$$

$$S_{lof} = \sum_{i,j,k=1}^{a,b,n}(\hat{y}_{ij\cdot}-\overline{y}_{ij\cdot})^2 \quad \text{当てはまりの悪さ}$$

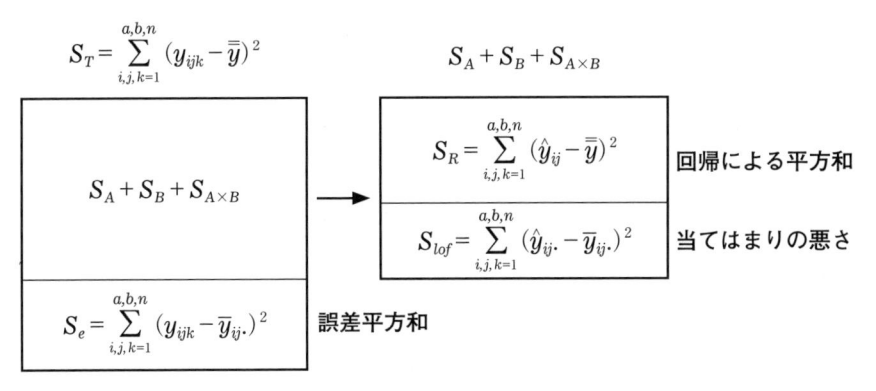

$$S_e = \sum_{i,j,k=1}^{a,b,n}(y_{ijk}-\overline{y}_{ij\cdot})^2 \quad \text{誤差平方和}$$

図 4-3-1 平方和の分解

方和 S_R と当てはまりの悪さの平方和 S_{lof} とに分解する．2次や積の項を回帰式に含める場合には，低次の項も回帰式に含めることを前提として式(4.3.1)を使う．

$$S_A + S_B + S_{A\times B} = S_R + S_{lof} \tag{4.3.6}$$

回帰による平方和は，回帰式によって説明ができる部分の平方和を表し，各組合せでの予測値と総平均との差から式(4.3.7)で求まる．

$$S_R = \sum_{i,j,k=1}^{a,b,n}(\hat{y}_{ij}-\overline{\overline{y}})^2 \tag{4.3.7}$$

当てはまりの悪さは，各水準での予測値と各水準での平均との差から式(4.3.8)で求まる．

$$S_{lof} = \sum_{i,j,k=1}^{a,b,n}(\hat{y}_{ij}-\overline{y}_{ij\cdot})^2 \tag{4.3.8}$$

回帰による平方和の自由度は，回帰式に含めている項の数 p である．

$$\phi_R = p \tag{4.3.9}$$

当てはまりの悪さの自由度は，因子平方和と交互作用平方和の自由度の和から回帰による平方和の自由度を引いた値なので式(4.3.10)となる．

$$\phi_{lof} = \phi_A + \phi_B + \phi_{A\times B} - p$$
$$= (a-1)+(b-1)+(a-1)(b-1)-p$$

第4章 二元配置実験の計画と解析

$$= ab - 1 - p \tag{4.3.10}$$

あるいは当てはまりの悪さの自由度は，図 4-3-2 に示すようにすべての項を含めたモデル（フルモデルと呼ぶ）から仮定したモデルに含めている項を引いた

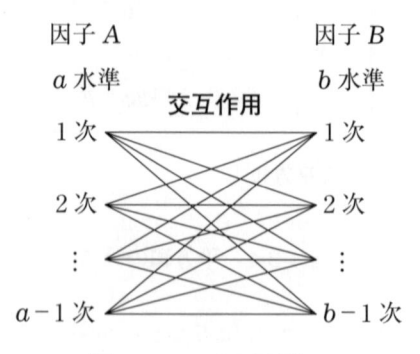

図 4-3-2 フルモデル

値としても求められる．

表 4-3-1 の分散分析表にまとめて，回帰による分散と当てはまりの悪さの分散について誤差分散で検定してモデルの妥当性を判定する．

表 4-3-1 分散分析表

要　因	平方和	自由度	分　散	分散比	限界値
回　帰	S_R	p	V_R	V_A/V_e	$F(\phi_A, \phi_e ; \alpha)$
lack of fit	S_{lof}	$ab-1-p$	V_{lof}	V_{lof}/V_e	$F(\phi_{lof}, \phi_e ; \alpha)$
誤　差	S_e	$ab(n-1)$	V_e		
計					

当てはまりの悪さが有意な場合には，図 4-3-2 を参考にしてさらに高次の項を追加して，分散分析し，当てはまりの悪さが小さくなるモデルを探索する．

逆に 2 次などの高次の項が必要であるかどうかを判断するには，判断したい項を除いた回帰式について分散分析し，当てはまりの悪さが有意とならなければ除いた項は不必要と判断できる．

4.3 実験データの解析方法(量的因子と量的因子)

4.3.3 最適条件の推定

特性値は最適条件でピークとなるはずなので，最適条件を求めるには得られた回帰式を各因子の最適条件で偏微分して0とした方程式を解けば求めることができる．最適条件での特性値の推定値を $\hat{y}_0$ で，因子 A の最適条件を x_{10} で因子 B の最適条件を x_{20} で表す．

$$\frac{\partial \hat{y}_0}{\partial x_{10}} = 0$$

$$\frac{\partial \hat{y}_0}{\partial x_{20}} = 0 \tag{4.3.11}$$

最適条件での特性値の推定値 $\hat{y}_0$ は得られた回帰式に求めた最適条件 x_{10} と x_{20} を代入して推定すればよい．

(注4.4) ここでは最適水準での特性値の点推定値のみを紹介している．区間推定の方法は専門書を参照してほしい．

4.3.4 例題

ある工程ではゴム製ローラーを製造しているが，このローラーの対衝撃性を向上させるためにローラーの硬度を大きくする必要が生じた．そこで添加剤の添加量と加硫温度を取り上げ表4-3-2の水準で繰り返し2回の二元配置実験を行った．

表4-3-2 因子と水準

因子記号	因　子	水　準			
因子 A	添加量(%)	1.0	2.0	3.0	4.0
因子 B	加硫温度(℃)	50.0	55.0	60.0	65.0

実験結果を表4-3-3に示す．特性値は硬度であり値が大きいほど好ましい．なお，32回の実験順序は完全ランダマイズした．

第4章 二元配置実験の計画と解析

表 4-3-3 硬度の実験データ

	B_1	B_2	B_3	B_4
A_1	20.6	29.5	30.8	27.0
	21.7	33.2	31.8	28.6
A_2	28.7	35.1	42.4	25.7
	30.1	35.1	37.5	30.3
A_3	36.3	38.9	30.1	28.5
	33.3	37.9	33.8	25.4
A_4	30.2	30.6	30.5	17.3
	34.4	30.1	23.3	26.5

(1) データのグラフ化

繰り返しのデータの平均を求め，等高線グラフを当てはめてみた結果を図 4-3-3 に示す（Excel の等高線グラフを使用した）．

図 4-3-3 では実験点のみの値を使って作図しているために等高線は凸凹してしまっているが，因子 A と B ともに 2 次式の当てはめがよさそうであり，等高線が楕円なので 1 次×1 次の交互作用も考慮する必要がありそうである．

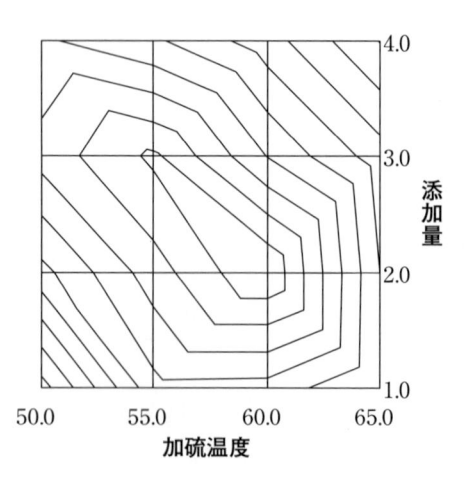

図 4-3-3 繰り返しの平均値の等高線グラフ

4.3 実験データの解析方法（量的因子と量的因子）

(2) 回帰式の推定

データのグラフから回帰式として式(4.3.12)を仮定する．

$$\bar{y}_{ij\cdot} = \beta_0 + \beta_1 x_{1i} + \beta_2 x_{2j} + \beta_{11} x_{1i}^2 + \beta_{22} x_{2j}^2 + \beta_{12} x_{1i} x_{2j} + \gamma_{ij} \quad (4.3.12)$$

表 4-3-4 の繰返しの平均値について回帰式を求めると次式のようになる（Excel の LINEST 関数を用いた）．

$$\hat{y} = -377.68875 + 35.29325 x_1 + 13.11350 x_2 - 2.59375 x_1^2 - 0.10750 x_2^2 - 0.38860 x_1 x_2$$

表 4-3-4　繰り返しの平均値

点推定	B_1	B_2	B_3	B_4
A_1	21.15	31.35	31.30	27.80
A_2	29.40	35.10	39.95	28.00
A_3	34.80	38.40	31.95	26.95
A_4	32.30	30.35	26.90	21.90

(3) 分散分析

得られた回帰式から各水準組合せでの硬度を推定すると表 4-3-5 となる．

表 4-3-5　硬度の推定値

点推定	B_1	B_2	B_3	B_4
A_1	22.506	29.693	31.505	27.942
A_2	30.588	35.832	35.701	30.195
A_3	33.482	36.783	34.709	27.260
A_4	31.189	32.547	28.530	19.138

例えば $A_1 B_1$ での推定値を計算する．

$$\hat{y} = -377.68875 + 35.29325 \times 1.0 + 13.11350 \times 50.0 - 2.59375 \times 1.0^2$$
$$\quad - 0.10750 \times 50.0^2 - 0.38860 \times 1.0 \times 50.0$$
$$= 22.506$$

表 4-3-5 の推定値を使って回帰による平方和を計算する．

第 4 章　二元配置実験の計画と解析

$$S_R = \sum_{i,j,k=1}^{a,b,n} (\hat{y}_{ij} - \overline{\overline{y}})^2$$
$$= 2 \times \{(22.506 - 30.475)^2 + \cdots + (19.138 - 30.475)^2\}$$
$$= 683.805$$

自由度は回帰式に含まれている項が 5 なので $\phi_R = 5$ となる．
当てはまりの悪さを計算する．

$$S_{lof} = \sum_{i,j,k=1}^{a,b,n} (\hat{y}_{ij} - \overline{y}_{ij.})^2$$
$$= 2 \times \{(22.506 - 21.15)^2 + \cdots + (19.138 - 21.90)^2\}$$
$$= 115.745$$

自由度は $\phi_{lof} = 4 \times 4 - 1 - 5 = 10$ となる．
誤差平方和と誤差自由度を計算する．

$$S_e = \sum_{i,j,k=1}^{a,b,n} (y_{ijk} - \overline{y}_{ij.})^2$$
$$= (20.6 - 21.15)^2 + \cdots + (26.2 - 21.90)^2$$
$$= 126.630$$

$$\phi_e = 4 \times 4 \times (2 - 1) = 16$$

表 4-3-6 の分散分析表を作成し，検定する．

表 4-3-6　分散分析表

要因	平方和	自由度	分散	分散比	限界値
回　帰	683.805	5	136.7610	17.28	2.85
lack of fit	115.745	10	11.5745	1.46	2.49
誤　差	126.630	16	7.9144		
計	926.180				

分散分析の結果から，回帰は有意となった．当てはまりの悪さは有意とはならないので，これより高次の項の追加は不要である．
分散分析の結果から当てはまりの悪さが有意とはならないので高次の項の追

4.3 実験データの解析方法（量的因子と量的因子）

加は不要であることがわかったが，すでに含まれている項の必要性は判断できない．例えば因子 A の 2 次の項が必要であるかどうかの検討方法を説明する．これには因子 A の 2 次項を除いた式 (4.3.13) を仮定して解析する．

$$\overline{y}_{ij\cdot} = \beta_0 + \beta_1 x_1 + \beta_2 x_2 + \beta_{22} x_2^2 + \beta_{12} x_1 x_2 + \gamma_{ij} \tag{4.3.13}$$

回帰式を求め，回帰による平方和と当てはまりの悪さの平方和を計算する．

$$\hat{y} = -364.72000 + 22.324505 x_1 + 13.11350 x_2 - 0.10750 x_2^2 - 0.38860 x_1 x_2$$

$$S_R = \sum_{i,j,k=1}^{a,b,n} (\hat{y}_{ij} - \overline{\overline{y}})^2$$

$$= 5 \times \{(25.100 - 30.475)^2 + \cdots + (21.732 - 30.475)^2\}$$

$$= 468.524$$

$$S_{lof} = \sum_{i,j,k=1}^{a,b,n} (\hat{y}_{ij} - \overline{y}_{ij\cdot})^2$$

$$= 5 \times \{(25.100 - 21.15)^2 + \cdots + (21.732 - 21.90)^2\}$$

$$= 331.026$$

$\phi_R = 4$

$\phi_{lof} = 4 \times 4 - 1 - 4 = 11$

表 4-3-7 の分散分析表を作成し，検定する．

表 4-3-7　分散分析表

要因	平方和	自由度	分散	分散比	限界値
回帰	468.524	4	117.1310	14.80	3.01
lack of fit	331.026	11	30.9033	3.80	2.46
誤差	126.630	16	7.9144		
計	926.180	31			

当てはまりの悪さが有意となり，因子 A の 2 次項が必要であると判断される．表 4-3-6 と表 4-3-7 との回帰による平方和あるいは当てはまりの悪さの平方和の変化量が，因子 A の 2 次成分の平方和 $S_{A(2)}$ に対応する．

$$S_{A(2)} = S_{R(2)} - S_{R(1)} = 683.805 - 468.524 = 215.281$$

第4章 二元配置実験の計画と解析

$$\phi_{A(2)} = \phi_{R(2)} - \phi_{R(1)} = 5 - 4 = 1$$
$$S_{A(2)} = S_{lof(1)} - S_{lof(2)} = 331.026 - 115.745 = 215.281$$
$$\phi_{A(2)} = \phi_{lof(1)} - \phi_{lof(2)} = 11 - 10 = 1$$

因子 A あるいは因子 B の1次の項の必要性についての検討は，それぞれの2次の項が無視できる場合に行うのがよい．高次の項を回帰式に含める場合にはそれより低次の項は省略しないほうがよい．

(4) 最適条件の推定

得られた回帰式に因子 A と因子 B の値を刻みを小さくして代入し，推定値を計算した結果を表 4-3-8 に示す．これから図 4-3-4 の応答曲面を得る．

表 4-3-8 推定結果

	50	51	52	53	54	55	56	57	58	59	60	61	62	63	64	65
1.0	22.51	24.37	26.03	27.46	28.69	29.69	30.49	31.06	31.42	31.57	31.50	31.22	30.72	30.01	29.08	27.94
1.2	24.54	26.33	27.90	29.26	30.41	31.34	32.05	32.55	32.83	32.90	32.76	32.40	31.82	31.03	30.03	28.81
1.4	26.36	28.07	29.57	30.85	31.92	32.77	33.41	33.83	34.04	34.03	33.81	33.37	32.71	31.85	30.76	29.47
1.6	27.98	29.61	31.03	32.24	33.22	34.00	34.56	34.90	35.03	34.95	34.64	34.13	33.40	32.45	31.29	29.92
1.8	29.39	30.94	32.28	33.41	34.32	35.02	35.50	35.77	35.82	35.66	35.28	34.68	33.87	32.85	31.61	30.16
2.0	30.59	32.07	33.33	34.38	35.21	35.83	36.24	36.42	36.40	36.16	35.70	35.03	34.14	33.04	31.73	30.19
2.2	31.58	32.98	34.17	35.14	35.90	36.44	36.76	36.87	36.77	36.45	35.92	35.17	34.20	33.03	31.63	30.02
2.4	32.37	33.69	34.80	35.69	36.37	36.83	37.08	37.12	36.93	36.54	35.93	35.10	34.06	32.80	31.33	29.64
2.6	32.95	34.19	35.22	36.04	36.64	37.03	37.20	37.15	36.89	36.42	35.73	34.82	33.70	32.37	30.82	29.06
2.8	33.32	34.49	35.44	36.18	36.70	37.01	37.10	36.98	36.64	36.09	35.32	34.34	33.14	31.73	30.10	28.26
3.0	33.48	34.57	35.45	36.11	36.55	36.78	36.80	36.60	36.18	35.55	34.71	33.65	32.37	30.88	29.18	27.26
3.2	33.44	34.45	35.25	35.83	36.20	36.35	36.29	36.01	35.52	34.81	33.89	32.75	31.40	29.83	28.05	26.05
3.4	33.19	34.12	34.84	35.35	35.64	35.71	35.57	35.22	34.65	33.86	32.86	31.64	30.21	28.57	26.71	24.63
3.6	32.73	33.59	34.23	34.66	34.87	34.86	34.65	34.21	33.57	32.70	31.62	30.33	28.82	27.10	25.16	23.01
3.8	32.06	32.84	33.41	33.76	33.89	33.81	33.51	33.00	32.28	31.34	30.18	28.81	27.22	25.42	23.41	21.18
4.0	31.19	31.89	32.38	32.65	32.71	32.55	32.17	31.59	30.78	29.76	28.53	27.08	25.42	23.54	21.45	19.14

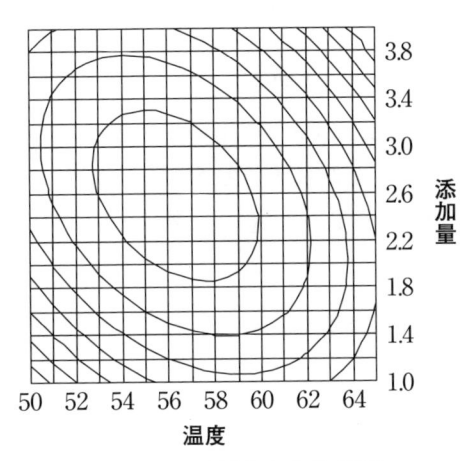

4.3 実験データの解析方法（量的因子と量的因子）

図 4-3-4　硬度の応答曲面

図 4-3-4 の応答曲面から硬度を最大にする条件は添加量が 2.6 で加硫温度が 57 の近辺のようである．最適な添加量を x_{10} で加硫温度を x_{20} で表し，この値を精密に求める．これには回帰式を x_{10} と x_{20} とで偏微分し 0 に等しいとおいた連立方程式を解く．

$$\hat{y}_0 = -377.68875 + 35.29325 x_{10} + 13.11350 x_{20} - 2.59375 x_{10}^2 - 0.10750 x_{20}^2 \\ - 0.38860 x_{10} x_{20}$$

$$\frac{\partial \hat{y}_0}{\partial x_{10}} = 35.29325 - 2 \times 2.59375 x_{10} - 0.38860 x_{20} = 0$$

$$\frac{\partial \hat{y}_0}{\partial x_{20}} = 13.11350 - 2 \times 0.10750 x_{20} - 0.38860 x_{10} = 0$$

$$5.18750 x_{10} + 0.38860 x_{20} = 35.29325$$
$$0.38860 x_{10} + 0.21500 x_{20} = 13.11350$$

これより最適条件は $x_{10} = 2.58$，$x_{20} = 56.32$ となる．このときの硬度の推定値 $\hat{y}_0$ は次のようになる．

$$\hat{y}_0 = -377.68875 + 35.29325 \times 2.58 + 13.11350 \times 56.32 \\ - 2.59375 \times 2.58^2 - 0.107508 \times 56.32^2 - 0.38860 \times 2.58 \times 56.32 \\ = 37.21$$

第 4 章　二元配置実験の計画と解析

4.3.5　Excel での解法

4.3.4 項の例題を Excel を使って解く．

回帰分析は Excel の LINEST 関数を用いて行う．この関数を利用するために式 (4.3.2) に対応して因子 A の水準値とその 2 乗値を因子 B の水準値とその 2 乗値をさらに交互作用として因子 A の水準値と因子 B の水準値の積と繰り返しの平均を図 4-3-5 のように用意する．

	M	N	O	P	Q	R
1	X1	X2	X1^2	X2^2	X1 X2	Y
2	1.0	50.0	1.00	2500.00	50.00	21.15
3	1.0	55.0	1.00	3025.00	55.00	31.35
			⋮			
16	4.0	60.0	16.00	3600.00	240.00	26.90
17	4.0	65.0	16.00	4225.00	260.00	21.90

図 4-3-5　データの準備

LINEST 関数は配列関数なので事前に 5 行 × 6 列の範囲 (M20 セルから R24 セル) を指定しておく．既知の y として硬度の平均 (R2 セルから R17 セル) を既知の x として因子 A の水準値から水準値の積まで (M2 セルか Q17 セル) を指定する．関数形式と補正はともに TRUE を入力する．入力後に関数バーで一度クリックをしておいてから Ctrl キーと Shift キーを押したまま Enter キーを押す (図 4-3-6)．

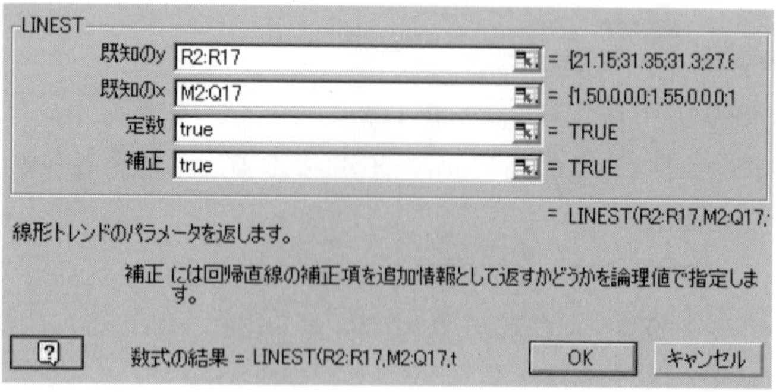

図 4-3-6　LINEST 関数

4.3 実験データの解析方法(量的因子と量的因子)

図 4-3-7 の 20 行から回帰式は次のように求まる.

$$\hat{y} = -377.68875 + 35.29325x_1 + 13.11350x_2 - 2.59375x_1^2 - 0.10750x_2^2 \\ - 0.38860x_1x_2$$

	M	N	O	P	Q	R
19	b12	b22	b11	b2	b1	b0
20	-0.38860	-0.10750	-2.59375	13.11350	35.29325	-377.68875
21	0.096	0.024	0.601	2.779	6.320	80.300
22	0.855	2.406	#N/A	#N/A	#N/A	#N/A
23	11.816	10	#N/A	#N/A	#N/A	#N/A
24	341.902	57.873	#N/A	#N/A	#N/A	#N/A
25	683.805	115.745				

図 4-3-7　出力結果

① 分散分析

LINEST 関数では図 4-3-8 に示す回帰統計が出力される．回帰平方和と当てはまりの悪さの平方和はそれぞれ M24 セルと N24 セルに出力されるが，繰り返しのデータについて回帰を解いているので個々の実験データでの平方和に直すために繰り返し数をかける．また当てはまりの悪さの自由度は N23 セルに出力される．

	M	N
23		ϕ_{lof}
24	S_R	S_{lof}
25	nS_R	nS_{lof}

図 4-3-8　回帰統計

分散分析表を作成する(図 4-3-9).

図 4-3-8 の回帰統計から，必要な平方和と自由度を使って分散分析表を作成する．

第 4 章　二元配置実験の計画と解析

	M	N	O	P	Q	R
28	要因	平方和	自由度	分散	分散比	限界値
29	R	683.805	5	136.76	17.28	2.85
30	lof	115.745	10	11.57	1.46	2.49
31	e	126.630	16	7.91		
32	計	926.180	31			

	M	N	O	P	Q	R
28		分散分析表				
29	要因	平方和	自由度	分散	分散比	限界値
30	R	=M25	=COUNT(M20:Q20)	=N30/O30	=P30/P32	=FINV($B$4,O30,O32)
31	lof	=N25	=N23		=N31/O31	=P31/P32	=FINV($B$4,O31,O32)
32	e	126.630		16	7.9144		
33	計	926.180		31			

注）分散分析表での誤差は，4.2.3 項の手順 3 にならって事前に求めておく必要がある．

図 4-3-9　分散分析表の作成

② 因子 A の 2 次の項の必要性の検討

　因子 A の 2 次の項を含めない回帰分析も Excel の LINEST 関数を用いて行う．この関数を利用するために因子 A の水準値と因子 B の水準値とその 2 乗値をさらに交互作用として因子 A の水準値と因子 B の水準値の積と繰り返しの平均を図 4-3-10 のように用意する．

	B	C	D	E	F
1	X1	X2	X2^2	X1 X2	Y
2	1.0	50.0	2500.00	50.00	21.2
3	1.0	55.0	3025.00	55.00	31.4
16	4.0	60.0	3600.00	240.00	26.9
17	4.0	65.0	4225.00	260.00	21.9

図 4-3-10　データの準備

4.3 実験データの解析方法（量的因子と量的因子）

LINEST 関数を用いて回帰分析を行う．出力結果を図 4-3-11 に示す．

	B	C	D	E	F
19	b12	b22	b2	b1	b0
20	-0.389	-0.108	13.114	22.325	-364.720
21	0.155	0.039	4.481	8.964	129.387
22	0.586	3.879	#N/A	#N/A	#N/A
23	3.892	11	#N/A	#N/A	#N/A
24	234.262	165.513	#N/A	#N/A	#N/A
25	468.524	331.026			

図 4-3-11　出力結果

図 4-3-11 の結果から図 4-3-12 の分散分析表を作成する．

	A	B	C	D	E	F
29	要因	平方和	自由度	分散	分散比	限界値
30	R	468.524	4	117.13	14.80	3.01
31	lof	331.026	11	30.09	3.80	2.46
32	e	126.630	16	7.91		
33	計	926.180	31			

図 4-3-12　分散分析表の作成

③　最適条件の推定

連立方程式を Excel の LINEST 関数で求める（図 4-3-13）．

事前に 1 行 × 2 列の範囲（N39 セルから O39 セル）を指定しておく．既知の y として P36 から P37 セルを既知の x として N36 セルから O37 セルを指定し，関数形式と補正はともに FALSE を入力する．

第4章　二元配置実験の計画と解析

	M	N	O	P
35		x10	x20	y
36		5.18750	0.38860	35.29325
37		0.38860	0.21500	13.11350
38		x20	x10	
39		56.32	2.58	
40	y0	37.21		

	N	O	P
36	=-2*O20	=-M20	=Q20
37	=-M20	=-2*N20	=P20
39	=LINEST(P36:P37,N36:O37,FALSE,FALSE)	=LINEST(P36:P37,N36:O37,FALSE,FALSE)	
40	=R20+Q20*O39+P20*N39+O20*O39^2+N20*N39^2+M20*O39*N39		

図 4-3-13　連立方程式の解

4.3.6　極値の判定について

4.3.3項で最適条件の推定を行ったが，今回のような2変数関数の極値については以下が成り立つ．

$$\left(\frac{\partial^2}{\partial x_1 \partial x_2}f(x_1, x_2)\right)^2 - \frac{\partial^2}{\partial x_1^2}f(x_1, x_2)\frac{\partial^2}{\partial x_2^2}f(x, x_2) < 0$$

$$\frac{\partial^2}{\partial x_1^2}f(x_1, x_2) > 0 \tag{4.3.14}$$

ならば，$f(x_{10}, x_{20})$ は極小値である．

$$\left(\frac{\partial^2}{\partial x_1 \partial x_2}f(x_1, x_2)\right)^2 - \frac{\partial^2}{\partial x_1^2}f(x_1, x_2)\frac{\partial^2}{\partial x_2^2}f(x, x_2) < 0$$

$$\frac{\partial^2}{\partial x_1^2}f(x_1, x_2) < 0 \tag{4.3.15}$$

ならば，$f(x_{10}, x_{20})$ は極大値である．

$$\left(\frac{\partial^2}{\partial x_1 \partial x_2}f(x_1, x_2)\right)^2 - \frac{\partial^2}{\partial x_1^2}f(x_1, x_2)\frac{\partial^2}{\partial x_2^2}f(x, x_2) > 0 \tag{4.3.16}$$

ならば，極値ではない．

$$\left(\frac{\partial^2}{\partial x_1 \partial x_2}f(x_1, x_2)\right)^2 - \frac{\partial^2}{\partial x_1^2}f(x_1, x_2)\frac{\partial^2}{\partial x_2^2}f(x, x_2) = 0 \quad (4.3.17)$$

ならば，このままでは判定できず，別の吟味が必要である．
とくに，式(4.3.16)の場合の応答曲面を図 4-3-14 に示す．

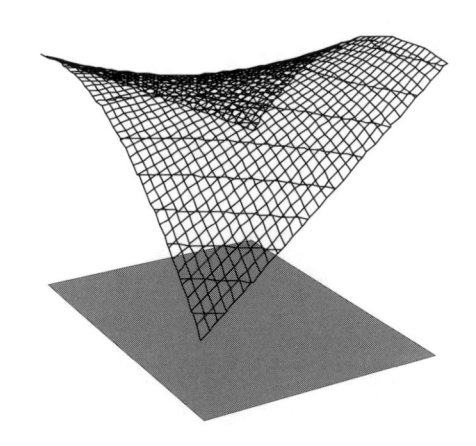

図 4-3-14　鞍点のある応答曲面

図 4-3-14 は一方の変数では極大値を他方の変数では極小値をもつ場合の応答曲面である．このような点を馬の鞍に似ているので鞍点(saddle point)と呼ぶ．

4.4　実験データの解析方法（質的因子と量的因子）

4.4.1　ダミー変数を用いた回帰モデル

二元配置で取り上げた因子が質的な因子と量的な因子の場合には質的因子の水準ごとに回帰モデルを仮定して解析する．因子 A を質的因子で水準数を a とし，因子 B を量的因子で水準数を b とする．繰り返し数を n とする．因子 A の第 i 水準，因子 B の第 j 水準の k 回目のデータを y_{ijk} と因子 B の水準値を x_j するとフルモデルでの回帰式は式(4.4.1)となる．

第4章 二元配置実験の計画と解析

$$y_{ijk} = \beta_{i0} + \beta_{i1}x_j + \beta_{i2}x_j^2 + \cdots + \beta_{ia-1}x_j^{a-1} + \varepsilon_{ijk} \qquad (4.4.1)$$

因子 A の第 i 水準について，β_{i0} は定数項を β_{i1} は1次の回帰係数を β_{ia-1} は $a-1$ 次の回帰係数を意味する．また，因子 A と因子 B との交互作用は因子 A の水準ごとに因子 B についての回帰式を仮定することによって表現できる．

$p(<a-1)$ 次の回帰式を繰り返しの平均値について仮定する．

$$\bar{y}_{ij\cdot} = \beta_{i0} + \beta_{i1}x_j + \beta_{i2}x_j^2 + \cdots + \beta_{ip}x_j^p + \gamma_{ij} \qquad (4.4.2)$$

ここでは煩雑さを避けるために $a=3$，$b=4$ とし，因子 B については $p=2$ 次の回帰式を仮定する．

因子 A の水準ごとに因子 B の回帰式を仮定しているので回帰式は式(4.4.3)のようになる．

$$\begin{cases} \bar{y}_{1j\cdot} = \beta_{10} + \beta_{11}x_j + \beta_{12}x_j^2 + \gamma_{1j} & (A_1\text{水準}) \\ \bar{y}_{2j\cdot} = \beta_{20} + \beta_{21}x_j + \beta_{22}x_j^2 + \gamma_{2j} & (A_2\text{水準}) \\ \bar{y}_{3j\cdot} = \beta_{30} + \beta_{31}x_j + \beta_{32}x_j^2 + \gamma_{3j} & (A_3\text{水準}) \end{cases} \qquad (4.4.3)$$

式(4.4.3)を次のように変形し，1本の回帰式で表現する．

$$\begin{aligned}
\bar{y}_{ij\cdot} &= \begin{pmatrix} \beta_{10} \\ \beta_{20} \\ \beta_{30} \end{pmatrix} + \begin{pmatrix} \beta_{11} \\ \beta_{21} \\ \beta_{31} \end{pmatrix} x_j + \begin{pmatrix} \beta_{12} \\ \beta_{22} \\ \beta_{32} \end{pmatrix} x_{2j}^2 + \gamma_{ij} \\
&= \beta_{10} + \begin{pmatrix} 0 \\ \beta_{20}-\beta_{10} \\ \beta_{30}-\beta_{10} \end{pmatrix} + \beta_{11}x_j + \begin{pmatrix} 0 \\ \beta_{21}-\beta_{11} \\ \beta_{31}-\beta_{11} \end{pmatrix} x_j + \beta_{12}x_j^2 + \begin{pmatrix} 0 \\ \beta_{22}-\beta_{12} \\ \beta_{32}-\beta_{12} \end{pmatrix} x_j^2 \\
&\quad + \gamma_{ij} \\
&= \beta_{10} + \beta_{20}^* \begin{pmatrix} 0 \\ 1 \\ 0 \end{pmatrix} + \beta_{30}^* \begin{pmatrix} 0 \\ 0 \\ 1 \end{pmatrix} + \beta_{11}x_j + \beta_{21}^* \begin{pmatrix} 0 \\ 1 \\ 0 \end{pmatrix} x_j + \beta_{31}^* \begin{pmatrix} 0 \\ 0 \\ 1 \end{pmatrix} x_j + \beta_{12}x_j^2 \\
&\quad + \beta_{22}^* \begin{pmatrix} 0 \\ 1 \\ 0 \end{pmatrix} x_j^2 + \beta_{32}^* \begin{pmatrix} 0 \\ 0 \\ 1 \end{pmatrix} x_j^2 + \gamma_{ij} \\
&= \beta_{10} + \beta_{20}^* d_2 + \beta_{30}^* d_3 + \beta_{11}x_j + \beta_{21}^* d_2 x_j + \beta_{31}^* d_3 x_j + \beta_{12}x_j^2
\end{aligned}$$

4.4 実験データの解析方法（質的因子と量的因子）

$$+ \beta^*_{22} d_2 x_j^2 + \beta^*_{32} d_3 x_j^2 + \gamma_{ij} \tag{4.4.4}$$

ここで変数 d_2 と d_3 は式(4.4.5)のように因子 A の水準に対応して 0 か 1 の値をとり，質的変数を量的変数に置き換える変数である．これをダミー変数と呼ぶ．

$$d_2 = \begin{pmatrix} 0 \\ 1 \\ 0 \end{pmatrix} \begin{matrix} A_1 \\ A_2 \\ A_3 \end{matrix} \text{水準} \qquad d_3 = \begin{pmatrix} 0 \\ 0 \\ 1 \end{pmatrix} \begin{matrix} A_1 \\ A_2 \\ A_3 \end{matrix} \text{水準} \tag{4.4.5}$$

因子 A が a 水準であるとダミー変数は $a-1$ 個が必要となり，ダミー変数 d_j は式(4.4.6)となる．

$$d_j = \begin{pmatrix} 0 \\ 0 \\ \vdots \\ 1 \\ \vdots \\ 0 \end{pmatrix} \begin{matrix} A_1 \\ A_2 \\ \vdots \\ A_j \\ \vdots \\ A_a \end{matrix} \text{水準} \tag{4.4.6}$$

4.4.2 分散分析

質的因子と量的因子の二元配置実験を式(4.4.2)の回帰式を仮定して解析した場合の分散分析は，2 因子ともに量的因子の分散分析と同じように総平方和 S_T を因子および交互作用平方和 $S_A + S_B + S_{A \times B}$ と誤差平方和 S_e に分解し，さらに因子および交互作用平方和を回帰による平方和 S_R と当てはまりの悪さの平方和 S_{lof} とに分解する（図 4-4-1）．

自由度 ϕ_R は回帰式に含めている項の数 p となり，当てはまりの悪さの自由度 ϕ_{lof} は $ab-1-p$，誤差自由度 ϕ_e は $ab(n-1)$ となる．回帰と当てはまりの悪さはともに実験誤差に対して有意かどうかを検定する．分散分析表を表 4-4-1 に示す．

第4章 二元配置実験の計画と解析

$$S_T = \sum_{i,j,k=1}^{a,b,n} (y_{ijk} - \overline{\overline{y}})^2 \qquad S_A + S_B + S_{A\times B}$$

$$S_A + S_B + S_{A\times B}$$

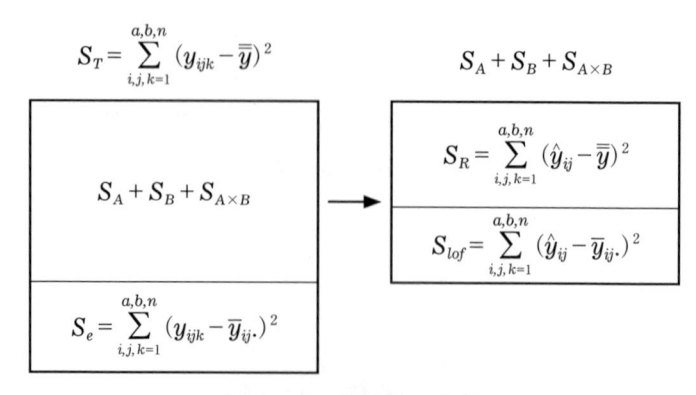

$$S_R = \sum_{i,j,k=1}^{a,b,n} (\hat{y}_{ij} - \overline{\overline{y}})^2$$

$$S_{lof} = \sum_{i,j,k=1}^{a,b,n} (\hat{y}_{ij} - \overline{y}_{ij\cdot})^2$$

$$S_e = \sum_{i,j,k=1}^{a,b,n} (y_{ijk} - \overline{y}_{ij\cdot})^2$$

図 4-4-1　平方和の分解

表 4-4-1　分散分析表

要因	平方和	自由度	分散	分散比	限界値
R	S_R	p	V_R	V_R / V_e	$F(\phi_R, \phi_e ; \alpha)$
$lack\ of\ fit$	S_{lof}	$ab-1-p$	V_{lof}	V_{lof} / V_e	$F(\phi_{lof}, \phi_e ; \alpha)$
e	S_e	$ab(n-1)$	V_e		
計	S_T	$abn-1$			

当てはまりの悪さが有意となった場合には，不足している項を追加して検討する．高次の項が必要であるかどうかは，該当する項を除いて分散分析し，当てはまりの悪さが有意とならなければ除いた項は不必要と判断できる．

4.4.3　最適条件の推定

最適条件は質的因子の水準ごとに得られた回帰式について求める．実験範囲内で1次式が成り立つのであれば最適条件は実験範囲の端の水準となる．2次式が成り立つのであれば，一元配置と同じように特性を最大あるいは最小にする条件 x_0 とそのときの特性の推定値 $\hat{y}_0$ は式(4.4.7)で求めることができる．

$$x_0 = -\frac{b_1}{2b_2} \qquad \hat{y}_0 = b_0 - \frac{b_1^2}{4b_2} \tag{4.4.7}$$

4.4.4 例題

　薬剤の即効性を向上させるために成分攪拌ミキサーの最適攪拌時間を検討することになり，表 4-4-2 の因子と水準で繰り返し 2 回の二元配置実験を行った．因子 A の攪拌ミキサーは 2 台あり，生産量の都合から両方とも使用する必要がある．

表 4-4-2　因子と水準

因子記号	因　子	水　準			
因子 A	攪拌ミキサー	A_1	A_2		
因子 B	攪拌時間(分)	1.0	2.0	3.0	4.0

　実験結果を表 4-4-3 に示す．特性値は錠剤を溶液に一定時間浸漬したときの成分溶出量で値が大きいほど即効性がよい．なお，16 回の実験順序は完全ランダマイズで実施した．

表 4-4-3　溶出量の実験データ

	B_1	B_2	B_3	B_4
A_1	32.0	38.0	41.2	38.5
	34.8	40.3	39.4	37.2
A_2	36.4	40.8	39.3	34.6
	38.7	40.3	38.2	33.0

　因子 A の攪拌ミキサーのように，実験の場では水準設定ができるが，実際の場では水準の選択ができない因子を標示因子と呼ぶ．これに対して因子 B の攪拌時間のように実験の場で水準の設定ができ，実際の場でも水準の選択ができる因子を制御因子と呼ぶ．標示因子は制御因子との交互作用効果を見い出すことに意味がある．

(1)　データのグラフ化

　繰り返しのデータの平均を表 4-4-4 に表す．

第4章 二元配置実験の計画と解析

表 4-4-4　繰り返しの平均

	B_1	B_2	B_3	B_4
A_1	33.40	39.15	40.30	37.85
A_2	37.55	40.55	38.75	33.80

図 4-4-2 の散布図から，いずれの撹拌ミキサーも 2 次式の当てはめがよさそうである．

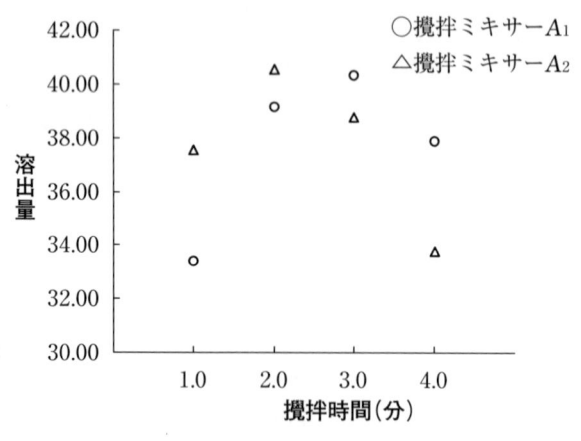

図 4-4-2　実験データのグラフ

(2) 回帰式

Excel の散布図で近似曲線の追加を用いて回帰式を求めると図 4-4-3 となる．
図 4-4-3 から撹拌ミキサーごとの撹拌時間と溶出量の回帰式は次のように求まる．

$$\hat{y} = 23.800 + 11.700x - 2.050x^2 \quad (撹拌ミキサー A_1)$$
$$\hat{y} = 30.987 + 8.632x - 1.987x^2 \quad (撹拌ミキサー A_2)$$

この例では質的因子 A が 2 水準なので，因子 A の第 i 水準における因子 B の第 j 水準の実験データの平均を $\bar{y}_{ij\cdot}$ とし，因子 B の水準値を x で表すと回帰式は式 (4.4.8) となる．

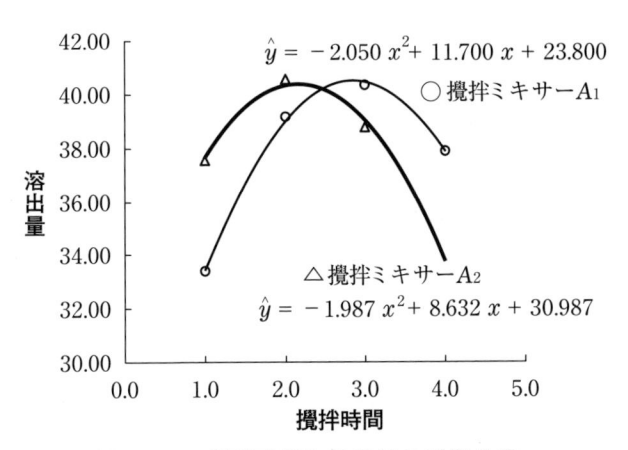

4.4 実験データの解析方法（質的因子と量的因子）

図 4-4-3 攪拌時間と溶出量の近似曲線

$$\bar{y}_{ij\cdot} = \begin{pmatrix} \beta_{10} + \beta_{11}x + \beta_{12}x^2 \\ \beta_{20} + \beta_{21}x + \beta_{22}x^2 \end{pmatrix} + \gamma_{ij} \qquad \begin{pmatrix} A_1 \\ A_2 \end{pmatrix} \qquad (4.4.8)$$

ただし，β_{10}，β_{11} と β_{12} は因子 A の第 1 水準での 0 次，1 次，2 次の回帰係数を意味し，β_{20}，β_{21} と β_{22} は因子 A の第 2 水準での 0 次，1 次，2 次の回帰係数を意味する．交互作用は因子 A の水準ごとに回帰式を仮定することに対応する．γ_{ij} は回帰式の当てはまりの悪さ（lack of fit）を表す項である．次のようにダミー変数を使って回帰式を一つの式で表現する．

$$\bar{y}_{ij} = \begin{pmatrix} \beta_{10} + \beta_{11}x + \beta_{12}x^2 \\ \beta_{20} + \beta_{21}x + \beta_{22}x^2 \end{pmatrix} + \gamma_{ij} \qquad \begin{pmatrix} A_1 \\ A_2 \end{pmatrix}$$

$$= \beta_{10} + \begin{pmatrix} 0 \\ \beta_{20} - \beta_{10} \end{pmatrix} + \beta_{11}x + \begin{pmatrix} 0 \\ \beta_{21} - \beta_{11} \end{pmatrix}x + \beta_{12}x^2 + \begin{pmatrix} 0 \\ \beta_{22} - \beta_{12} \end{pmatrix}x^2$$

$$+ \gamma_{ij} \qquad \begin{pmatrix} A_1 \\ A_2 \end{pmatrix}$$

$$= \beta_{10} + \begin{pmatrix} 0 \\ \beta^*_{20} \end{pmatrix} + \beta_{11}x + \begin{pmatrix} 0 \\ \beta^*_{21} \end{pmatrix}x + \beta_{12}x^2 + \begin{pmatrix} 0 \\ \beta^*_{22} \end{pmatrix}x^2 + \gamma_{ij} \qquad \begin{pmatrix} A_1 \\ A_2 \end{pmatrix}$$

$$= \beta_{10} + \beta^*_{20}\begin{pmatrix} 0 \\ 1 \end{pmatrix} + \beta_{11}x + \beta^*_{21}\begin{pmatrix} 0 \\ 1 \end{pmatrix}x + \beta_{12}x^2 + \beta^*_{22}\begin{pmatrix} 0 \\ 1 \end{pmatrix}x^2 + \gamma_{ij} \qquad \begin{pmatrix} A_1 \\ A_2 \end{pmatrix}$$

第4章 二元配置実験の計画と解析

$$= \beta_{10} + \beta_{20}^* d + \beta_{11} x + \beta_{21}^* dx + \beta_{12} x^2 + \beta_{22}^* dx^2 + \gamma_{ij} \quad \begin{pmatrix} A_1 : d = 0 \\ A_2 : d = 1 \end{pmatrix}$$
(4.4.9)

ExcelのLINEST関数で解くと回帰式は次のように求まる.

$$\hat{y} = 23.8000 + 7.1875d + 11.7000x - 3.0675dx - 2.0500x^2 + 0.0625dx^2$$

回帰式で $d=0$ とすると攪拌ミキサー A_1 の回帰式となり, $d=1$ とすると攪拌ミキサー A_2 の回帰式となる.

$$\hat{y} = 23.800 + 11.700x - 2.050x^2 \qquad A_1 : d = 0$$

$$\hat{y} = (23.800 + 7.1875) + (11.700 - 3.0675)x - (2.0500 - 0.0625)x^2$$
$$= 30.987 + 8.632x - 1.987x^2 \qquad A_2 : d = 1$$

(3) 分散分析

得られた回帰式から各水準組合せでの溶出量を推定すると表4-4-5となる.

表4-4-5 溶出量の推定値

点推定	B_1	B_2	B_3	B_4
A_1	33.450	39.000	40.450	37.800
A_2	37.633	40.303	38.998	33.718

例えば $A_1 B_1$ での推定値を計算する. A_1 なのでダミー変数の値は $d=0$ である.

$$\hat{y} = (23.800 + 7.1875 \times 0 + 11.70000 \times 1.0 - 3.0675 \times 0 \times 1.0 - 2.0500 \\ \times 1.0^2 + 0.0625 \times 0 \times 1.0^2) \times 33.450$$

回帰による平方和を計算する.

$$S_R = \sum_{i,j,k=1}^{a,b,n} (\hat{y}_{ij} - \overline{\overline{y}})^2$$
$$= 2 \times \{(33.450 - 37.669)^2 + \cdots + (33.718 - 37.669)^2\}$$
$$= 103.277$$

自由度は回帰式に含まれている項が5なので $\phi_R = 5$ となる.

4.4 実験データの解析方法(質的因子と量的因子)

当てはまりの悪さを計算する．

$$S_{lof} = \sum_{i,j,k=1}^{a,b,n} (\hat{y}_{ij} - \overline{y}_{ij.})^2$$
$$= 2 \times \{(33.450 - 33.40)^2 + \cdots + (33.718 - 33.80)^2\}$$
$$= 0.372$$

自由度は $\phi_{lof} = 2 \times 4 - 1 - 5 = 2$ となる．

誤差平方和と誤差自由度を計算する．

$$S_e = \sum_{i,j,k=1}^{a,b,n} (y_{ijk} - \overline{y}_{ij.})^2$$
$$= (32.0 - 33.40)^2 + \cdots + (33.0 - 33.80)^2$$
$$= 13.685$$

$$\phi_e = 2 \times 4 \times (2 - 1) = 8$$

表 4-4-6 の分散分析表を作成し，検定する．

分散分析の結果から，回帰は有意となった．当てはまりの悪さは有意とはならないので，これより高次の項の追加は不要である．

表 4-4-6 分散分析表

要因	平方和	自由度	分散	分散比	限界値
回　帰	103.227	5	20.6554	12.07	3.69
lack of fit	0.372	2	0.1860	0.11	4.46
誤　差	13.685	8	1.7106		
計	117.334	15			

分散分析の結果から当てはまりの悪さが有意とはならないので，高次の項の追加は不要であることが判断できるが，すでに回帰式に含まれている項の必要性は判断できない．図 4-4-3 のグラフあるいは回帰式から撹拌ミキサーによって 1 次の係数は大きく異なるが，2 次の係数は同じぐらいの値のように思われる．そこで 2 次の回帰係数を同じ β_2 とし，$\beta_{22}^* dx^2$ の項を除いた回帰式を仮定して解析する．

第4章 二元配置実験の計画と解析

$$\overline{y}_{ij.} = \beta_{10} + \beta_{20}^* d + \beta_{11} x + \beta_{21}^* dx + \beta_2 x^2 + \gamma_{ij} \tag{4.4.10}$$

回帰式を求め回帰による平方和と当てはまりの悪さの平方和を計算する．

$$\hat{y} = 23.9563 + 6.8750a + 11.5438x - 2.7550ax - 2.0188x^2$$

$$S_R = \sum_{i,j,k=1}^{a,b,n} (\hat{y}_{ij} - \overline{\overline{y}})^2$$

$$= 2 \times \{(33.481 - 37.669)^2 + \cdots + (33.686 - 37.669)^2\}$$

$$= 103.262$$

$$S_{lof} = \sum_{i,j,k=1}^{a,b,n} (\hat{y}_{ij} - \overline{y}_{ij.})^2$$

$$= 2 \times \{(33.481 - 33.40)^2 + \cdots + (33.686 - 33.80)^2\}$$

$$= 0.388$$

$\phi_R = 4$

$\phi_{lof} = 2 \times 4 - 1 - 4 = 3$

表 4-4-7 の分散分析表を作成し，検定する．

表 4-4-7 分散分析表（2 次共通）

要　因	平方和	自由度	分　散	分散比	限界値
回　帰	103.262	4	25.8155	14.09	3.84
lack of fit	0.388	3	0.1293	0.08	4.07
誤　差	13.685	8	1.7106		
計	117.334	15			

分散分析表から当てはまりの悪さが有意ではないので，2次の係数を同じとした回帰式で十分であることが判断される．

(4) 最適条件の推定

因子 A の攪拌ミキサーは両方を使用する必要がある標示因子なのでいずれかを選択することは意味がなく，攪拌ミキサーごとの最適攪拌時間を求めることに意味がある．

4.4 実験データの解析方法(質的因子と量的因子)

溶出量を最大にする攪拌時間 x_0 とそのときの溶出量の推定値 $\hat{y}_0$ は一元配置で見たように次式で求めることができる．

$$x_0 = -\frac{b_1}{2b_2} \qquad \hat{y}_0 = b_0 - \frac{b_1^2}{4b_2}$$

攪拌ミキサー A_1

$$x_0 = \frac{11.5438}{2 \times 2.0188} = 2.86 \qquad \hat{y}_0 = 23.956 - \frac{11.5438^2}{4 \times (-2.0188)} = 40.46$$

攪拌ミキサー A_2

$$x_0 = \frac{8.7888}{2 \times 2.0188} = 2.18 \qquad \hat{y}_0 = 30.8313 - \frac{8.7888^2}{4 \times (-2.0188)} = 40.40$$

攪拌ミキサーで溶出量を最大にする攪拌時間が異なるが，最大溶出量はほぼ同じである．

4.4.5 Excel による解法

4.4.4 項の例題を Excel で解く．

Excel の LINEST 関数で解析する．この関数を利用するために式(4.4.8)に対応して，L 列には A_1 であれば 0，A_2 であれば 1 の値をとるダミー変数を，N 列には 1 次との積を，P 列には 2 次との積を用意する(**図 4-4-4**)．

	L	M	N	O	P	Q
1	d	x	dx	x^2	dx^2	y
2	0	1.0	0.0	1.00	0.00	33.40
3	0	2.0	0.0	4.00	0.00	39.15
4	0	3.0	0.0	9.00	0.00	40.30
5	0	4.0	0.0	16.00	0.00	37.85
6	1	1.0	1.0	1.00	1.00	37.55
7	1	2.0	2.0	4.00	4.00	40.55
8	1	3.0	3.0	9.00	9.00	38.75
9	1	4.0	4.0	16.00	16.00	33.80

図 4-4-4 データの準備

第 4 章 二元配置実験の計画と解析

　LINEST 関数の出力先として 5 行 × 6 列の範囲（L12 セルから Q16 セル）を指定しておく．既知の y として溶出量の平均（Q2 セルから Q9 セル）を既知の x としてダミー変数からダミー変数と 2 次の積まで（L2 セルから P9 セル）を指定する．関数形式と補正はともに TRUE を入力する．入力後に関数バーで一度クリックをしておいてから Ctrl キーと Shift キーを押したまま Enter キーを押す（図 4-4-5）．

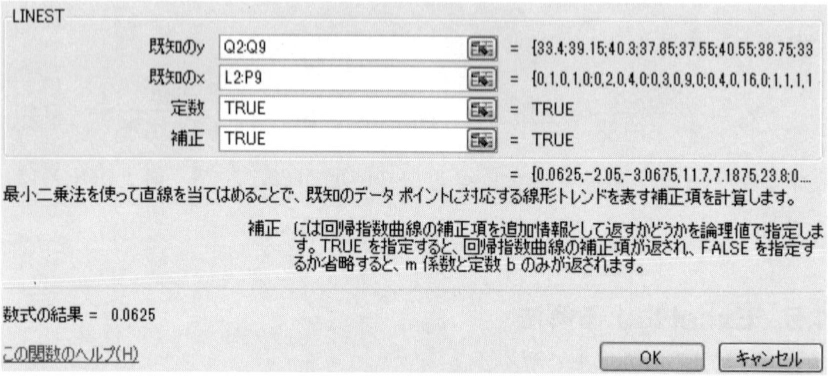

図 4-4-5　LINEST 関数

図 4-4-6 の 12 行から回帰式は次のように求まる．
$$\hat{y} = 23.8000 + 7.1875d + 11.7000x - 3.0675dx - 2.0500x^2 + 0.0625dx^2$$

	L	M	N	O	P	Q
11	b22*	b21	b12*	b11	b02*	b01
12	0.0625	-2.0500	-3.0675	11.7000	7.1875	23.8000
13	0.216	0.153	1.096	0.775	1.201	0.849
14	0.996	0.305	#N/A	#N/A	#N/A	#N/A
15	110.976	2	#N/A	#N/A	#N/A	#N/A
16	51.639	0.186	#N/A	#N/A	#N/A	#N/A
17	103.277	0.372				

図 4-4-6　出力結果

4.4　実験データの解析方法(質的因子と量的因子)

(1)　分散分析

図 4-4-5 の LINEST 関数の回帰統計から必要な値を読み取る．回帰による平方和の値は L16 セルに繰り返し数をかけた L17 セルの値を使う．同じように当てはまりの悪さの平方和も M16 セルに繰り返し数をかけた M17 セルの値を使う．回帰による平方和の自由度は回帰式に含まれる係数の数を定数項を除いて数えた値となる．当てはまりの悪さの自由度は M15 セルに与えられる．

図 4-4-7 の分散分析表を作成する．

	L	M	N	O	P	Q
21	要因	平方和	自由度	分散	分散比	限界値
22	R	103.277	5	20.66	12.07	3.69
23	lof	0.372	2	0.19	0.11	4.46
24	e	13.685	8	1.71		
25	計	117.334	15			

	L	M	N	O	P	Q
20	分散分析表					
21	要因	平方和	自由度	分散	分散比	限界値
22	R	=L17	=COUNT(L12:P12)	=M22/N22	=O22/O24	=FINV($B$4,N22,N24)
23	lof	=M17	=M15	=M23/N23	=O23/O24	=FINV($B$4,N23,N24)
24	e	13.685	8	1.71		
25	計	117.334	15			

注)　分散分析表での誤差は，4.2.3 項の手順 3 にならって事前に求めておく必要がある．

図 4-4-7　分散分析表の作成

2 次の係数を共通とするので 2 次の係数にかかるダミー変数を指定から外して LINEST 関数を解く．LINEST 関数の出力先として 5 行 × 5 列の範囲 (M28 セルから Q32 セル) を指定しておく．既知の y として溶出量の平均 (Q2 セルから Q9 セル) を既知の x としてダミー変数から 2 次の列まで (L2 セルから O9 セル) を指定する．関数形式と補正はともに TRUE を入力する．入力後に関数バーで一度クリックをしておいてから Ctrl キーと Shift キーを押したまま Enter キーを押す (図 4-4-8)．

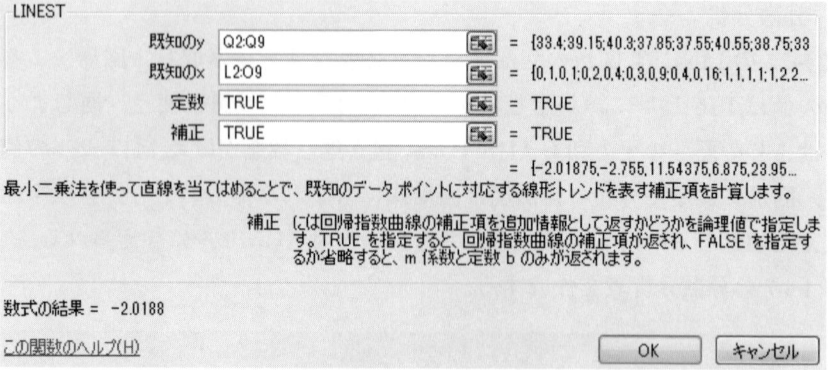

第4章　二元配置実験の計画と解析

図4-4-8　LINEST関数

図4-4-9の出力から分散分析表を作成する（図4-4-10，図4-4-11）．

	M	N	O	P	Q
27	b2	b12*	b11	b02*	b01
28	−2.0188	−2.7550	11.5438	6.8750	23.9563
29	0.090	0.161	0.464	0.440	0.547
30	0.996	0.254	#N/A	#N/A	#N/A
31	199.668	3	#N/A	#N/A	#N/A
32	51.631	0.194	#N/A	#N/A	#N/A
33	103.262	0.388			

図4-4-9　出力結果

	L	M	N	O	P	Q
37	要因	平方和	自由度	分散	分散比	限界値
38	R	103.262	4	25.82	15.09	3.84
39	lof	0.388	3	0.13	0.08	4.07
40	e	13.685	8	1.71		
41	計	117.334	15			

図4-4-10　分散分析表の作成

4.5 繰り返しのない二元配置実験

	L	M	N	O	P	Q
36		分散分析表				
37	要因	平方和	自由度	分散	分散比	限界値
38	R	=M33	=COUNT(M28：P28)	=M38/N38	=O38/O40	=FINV($B$4,N38,N40)
39	lof	=N33	=N31		=M39/N39	=O39/O40	=FINV($B$4,N39,N40)
40	e	13.685		8	1.71	
41	計	117.334		15		

図 4-4-11　分散分析表の作成（2 次共通）

当てはまりの悪さが有意とはならないので，2 次の係数を共通とした回帰式で十分であると判断できる．回帰式は次式となる．

$$\hat{y} = 23.9563 + 6.8750d + 11.5483x - 2.7550dx - 2.0188x^2$$

4.5　繰り返しのない二元配置実験

4.5.1　繰り返しのない二元配置実験とは

因子 A の第 i 水準と因子 B の第 j 水準の組合せで実験を 1 回のみ実施する計画を繰り返しのない二元配置という．繰り返しのない二元配置は，取り上げる 2 因子間に交互作用効果がないことが技術的あるいは経験的に明らかな場合に実施してよい．これは，繰り返しのない二元配置では実験誤差を実験の繰り返しではなく交互作用効果から見積もることによる．繰り返しのない二元配置実験でのデータを表 4-5-1 に示す．

表 4-5-1　繰り返しのない二元配置実験

因子	B_1	B_2	$\cdots$	B_j	$\cdots$	B_b
A_1	y_{11}	y_{12}	$\cdots$	y_{1j}	$\cdots$	y_{1b}
A_2	y_{21}	y_{22}	$\cdots$	y_{2j}	$\cdots$	y_{2b}
$\vdots$	$\vdots$	$\vdots$		$\vdots$		$\vdots$
A_i	y_{i1}	y_{i2}	$\cdots$	y_{ij}	$\cdots$	y_{ib}
$\vdots$	$\vdots$	$\vdots$		$\vdots$		$\vdots$
A_a	y_{a1}	y_{a2}	$\cdots$	y_{aj}	$\cdots$	y_{ab}

第4章　二元配置実験の計画と解析

繰り返しのない場合でも ab 回の実験順序をランダムに実施する必要がある．
繰り返しのない二元配置でのデータの構造は式(4.5.1)のようになる．

$$y_{ij} = \mu + \alpha_i + \beta_j + (\alpha\beta)_{ij} + \varepsilon_{ij} \tag{4.5.1}$$

繰り返しがないために繰返しの添え字がなくなり，交互作用効果の添え字と誤差の添え字とが同一となり交互作用効果と誤差とが分離できなくなる．このように2つ以上の効果が分解できない状態を交絡(confounding)と呼ぶ．交絡している交互作用効果を除いて，データの構造式は式(4.5.2)となる．

$$y_{ij} = \mu + \alpha_i + \beta_j + \varepsilon_{ij} \tag{4.5.2}$$

4.5.2　分散分析

取り上げる2因子がともに質的因子としてデータの解析を扱う．分散分析は総平方和 S_T を因子 A の平方和 S_A，因子 B の平方和 S_B，誤差平方和 S_e に分解する．ただし，実験に繰り返しがないので，誤差平方和 S_e は交互作用平方和 $S_{A \times B}$ を求めて誤差と見なす．これは，2因子間に交互作用効果がないと仮定して実験しているので，求まる交互作用効果の実際的な中身は誤差と見なすことによる．

総平方和 S_T は式(4.5.3)となる．

$$S_T = \sum_{i,j=1}^{a,b} (y_{ij} - \bar{\bar{y}})^2 \tag{4.5.3}$$

総平方和の自由度 ϕ_T は独立な偏差の数なので，式(4.5.4)となる．

$$\phi_T = ab - 1 \tag{4.5.4}$$

表4-5-1のようにすべての組合せで実験を実施しているので，因子 A を解析するときには因子 B は単純な繰り返しと見なしてよく，また因子 B を解析するときには因子 A を単純な繰り返しと見なしてよい．したがって，それぞれの平方和は水準内の繰り返し数×主効果の2乗和で求められる．

因子 A の主効果と因子 B の主効果は各水準での平均と総平均との偏差で求められる．因子 A の主効果を式(4.5.5)に因子 B の主効果を式(4.5.6)に示す．

4.5 繰り返しのない二元配置実験

$$\hat{\alpha}_i = \overline{y}_{i.} - \overline{\overline{y}} = \frac{\sum_{j=1}^{b} y_{ij}}{b} - \frac{\sum_{i,j=1}^{a,b} y_{ij}}{ab} \tag{4.5.5}$$

$$\hat{\beta}_j = \overline{y}_{.j} - \overline{\overline{y}} = \frac{\sum_{i=1}^{a} y_{ij}}{a} - \frac{\sum_{i,j=1}^{a,b} y_{ij}}{ab} \tag{4.5.6}$$

因子 A の平方和と因子 B の平方和は式(4.5.7)と式(4.5.8)のように主効果の2乗和と水準内での繰り返し数(相手の因子の水準数)の積で求まる．

$$S_A = \sum_{i,j=1}^{a,b} \hat{\alpha}_i^2 = b \sum_{i=1}^{a} (\overline{y}_{i.} - \overline{\overline{y}})^2 \tag{4.5.7}$$

$$S_B = \sum_{i,j=1}^{a,b} \hat{\beta}_j^2 = a \sum_{j=1}^{b} (\overline{y}_{.j} - \overline{\overline{y}})^2 \tag{4.5.8}$$

これら平方和の自由度は，主効果についてはその和が0になるという制約条件があるため，独立な偏差の数となり，式(4.5.9)と式(4.5.10)とになる．

$$\phi_A = a - 1 \tag{4.5.9}$$
$$\phi_B = b - 1 \tag{4.5.10}$$

繰り返しがないので実験誤差は式(4.5.11)の交互作用効果 $(\alpha\beta)_{ij}$ の大きさから見積もる．

$$\hat{\varepsilon}_{ij} = \widehat{(\alpha\beta)}_{ij} = y_{ij} - \overline{y}_{i.} - \overline{y}_{.j} + \overline{\overline{y}} \tag{4.5.11}$$

誤差平方和 S_e は式(4.5.12)で求まる．

$$S_e = S_{A \times B} = \sum_{i,j=1}^{a,b} \widehat{(\alpha\beta)}_{ij}^2 = \sum_{i,j=1}^{a,b} (y_{ij} - \overline{y}_{i.} - \overline{y}_{.j} + \overline{\overline{y}})^2 \tag{4.5.12}$$

誤差自由度は独立な偏差の数なので式(4.5.13)となる．

$$\phi_e = \phi_{A \times B} = (a-1)(b-1) \tag{4.5.13}$$

因子の主効果が統計的に意味があるかどうかを検定する．表 4-5-2 の分散分析表を作成し判定する．

分散比が限界値以上であれば効果があると判断する．

第4章 二元配置実験の計画と解析

表 4-5-2 分散分析表

要因	平方和	自由度	分散	分散比	限界値
A	$S_A = b \sum_{i=1}^{a} \hat{\alpha}_i^2$	$\phi_A = a-1$	$V_A = \dfrac{S_A}{\phi_A}$	$F_0 = \dfrac{V_A}{V_e}$	$F(\phi_A, \phi_e; \alpha)$
B	$S_B = a \sum_{j=1}^{b} \hat{\beta}_j^2$	$\phi_B = b-1$	$V_B = \dfrac{S_B}{\phi_B}$	$F_0 = \dfrac{V_B}{V_e}$	$F(\phi_B, \phi_e; \alpha)$
e	$S_e = \sum_{i,j=1}^{a,b} \widehat{(\alpha\beta)}^2$	$\phi_e = (a-1)(b-1)$	$V_e = \dfrac{S_e}{\phi_e}$		
計	$S_T = \sum_{i,j=1}^{a,b} (y_{ij} - \overline{\overline{y}})^2$	$\phi_T = ab-1$			

4.5.3 推定

繰り返しのない二元配置実験では2因子間に交互作用がないことを仮定しているので各因子ごとに母平均を推定する．

(1) 因子 A の推定

因子 A の第 i 水準での母平均を $\mu(A_i)$ で表す．点推定値は因子 B の水準を単純な繰り返しと考えて式 (4.5.14) で推定する．

$$\hat{\mu}(A_i) = \hat{\mu} + \hat{\alpha}_i = \overline{\overline{y}} + (\overline{y}_{i\cdot} - \overline{\overline{y}})$$

$$(= \overline{y}_{i\cdot} = \frac{\sum_{j=1}^{b} y_{ij}}{b}) \tag{4.5.14}$$

信頼率 $1-\alpha$ の信頼区間の幅は式 (4.5.15) となる．

$$\pm t(\phi_e, \alpha) \sqrt{\frac{V_e}{b}} \tag{4.5.15}$$

最小有意差 l.s.d (least significant difference) は式 (4.5.16) となる．

$$l.s.d = t(\phi_e, \alpha) \sqrt{\frac{2V_e}{b}} \tag{4.5.16}$$

4.5 繰り返しのない二元配置実験

(2) 因子 B の推定

因子 B の第 j 水準での母平均を $\mu(B_j)$ で表す．点推定値は因子 A の水準を単純な繰り返しと考えて式(4.5.17)で推定する．

$$\hat{\mu}(B_j) = \hat{\mu} + \hat{\beta}_j = \overline{\overline{y}} + (\overline{y}_{\cdot j} - \overline{\overline{y}})$$

$$(= \overline{y}_{\cdot j} = \frac{\sum_{i=1}^{a} y_{ij}}{a}) \tag{4.5.17}$$

信頼率 $1 - \alpha$ の信頼区間の幅は式(4.5.18)となる．

$$\pm\, t(\phi_e, \alpha)\sqrt{\frac{V_e}{a}} \tag{4.5.18}$$

最小有意差 $l.s.d$ は式(4.5.19)となる．

$$l.s.d = t(\phi_e, \alpha)\sqrt{\frac{2V_e}{a}} \tag{4.5.19}$$

(3) 最適条件での推定

因子 A の最適条件と因子 B の最適条件とを組み合せた条件での母平均 $\mu(A_i B_j)$ は式(4.5.20)で推定する．

$$\hat{\mu}(A_i B_j) = \hat{\mu} + \hat{\alpha}_i + \hat{\beta}_j = \overline{\overline{y}} + (\overline{y}_{i\cdot} - \overline{\overline{y}}) + (\overline{y}_{\cdot j} - \overline{\overline{y}}) \tag{4.5.20}$$

$$(= \overline{y}_{i\cdot} + \overline{y}_{\cdot j} - \overline{\overline{y}}$$

$$= \frac{\sum_{j=1}^{b} y_{ij}}{b} + \frac{\sum_{i=1}^{a} y_{ij}}{a} - \frac{\sum_{i,j=1}^{a,b} y_{ij}}{ab})$$

信頼率 $1 - \alpha$ の信頼区間の幅は式(4.5.21)となる．

$$\pm\, t(\phi_e, \alpha)\sqrt{\frac{V_e}{n_e}} \tag{4.5.21}$$

式(4.5.21)中の n_e を有効繰り返し数あるいは有効反復数と呼び，式(4.5.22)あるいは式(4.5.23)で求める．

第4章　二元配置実験の計画と解析

$$\frac{1}{n_e} = \frac{1}{b} + \frac{1}{a} - \frac{1}{ab} \quad (伊奈の式) \tag{4.5.22}$$

$$n_e = \frac{ab}{\phi_A + \phi_B + 1} \quad (田口の式) \tag{4.5.23}$$

4.5.4 例題

ビデオテープの電磁特性の向上のために，因子 A として磁性粉の種類を4水準，因子 B として添加剤の種類を3水準を取り上げて二元配置の実験を行った．磁性粉の種類と添加剤の種類との間には交互作用がないことが技術的に考えられるので繰り返しは実施しなかった．特性値は電磁特性（単位なし）で値が大きいほどよい．なお，12回の実験はランダムな順序で実施した．電磁特性のデータを表 4-5-3 に示す．

表 4-5-3　電磁特性

因子	B_1	B_2	B_3
A_1	58	64	71
A_2	70	72	77
A_3	73	79	78
A_4	61	67	70

(1) データのグラフ化

実験データを図 4-5-1 に示す．

グラフから次が読み取れる．

① 因子 A と B ともに効果がありそう．
② 電磁特性を大きくする水準は $A_3 B_2$ のようである．

(2) 分散分析

手順1　平方和と自由度の計算

① 総平均の計算

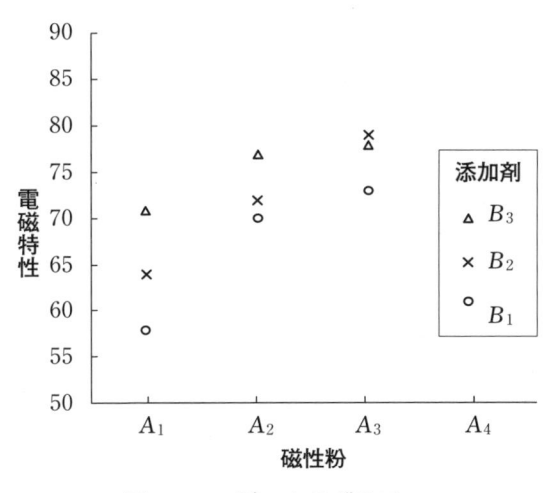

4.5 繰り返しのない二元配置実験

図 4-5-1 データのグラフ

$$\bar{\bar{y}} = \frac{\sum_{i,j=1}^{a,b} y_{ij}}{ab} = \frac{58+64+71+\cdots+70}{4\times 3} = 70.00$$

② 総平方和と自由度の計算

$$S_T = \sum_{i,j=1}^{4,3} (y_{ij} - \bar{\bar{y}})^2$$

$$= (58-70.00)^2 + (64-70.00)^2 + \cdots + (70-70.00)^2$$

$$= 478.00$$

$$\phi_T = ab - 1 = 4 \times 3 - 1 = 11$$

③ 因子平方和と自由度の計算

主効果を計算するために各水準の平均と主効果を求めた結果を表 4-5-4 に示す．

例として，因子 A の第 1 水準について計算する．

第4章 二元配置実験の計画と解析

表 4-5-4 平均と主効果

因子	B_1	B_2	B_3	$\overline{y}_{i\cdot}$	$\hat{\alpha}_i$
A_1	58	64	71	64.33	-5.67
A_2	70	72	77	73.00	3.00
A_3	73	79	78	76.67	6.67
A_4	61	67	70	66.00	-4.00
$\overline{y}_{\cdot j}$	65.50	70.50	74.00	70.00	0.00
$\hat{\beta}_j$	-4.50	0.50	4.00	0.00	

$$\overline{y}_{1\cdot} = \frac{\sum_{j=1}^{3} y_{1j}}{b} = \frac{58+64+71}{3} = 64.33$$

$$\hat{\alpha}_1 = \overline{y}_{1\cdot} - \overline{\overline{y}} = 64.33 - 70.00 = -5.67$$

因子 A と因子 B の平方和は主効果の2乗和と水準内での繰り返し数（相手の因子の水準数）の積で求まる．

$$S_A = \sum_{i,j=1}^{a,b} \hat{\alpha}_i^2 = b\sum_{i=1}^{a}(\overline{y}_{i\cdot} - \overline{\overline{y}})^2$$

$$= 3 \times \{(-5.67)^2 + 3.00^2 + 6.67^2 + (-4.00)^2\}$$

$$= 3 \times 101.56 = 304.67$$

$$S_B = \sum_{i,j=1}^{a,b} \hat{\beta}_j^2 = a\sum_{j=1}^{b}(\overline{y}_{\cdot j} - \overline{\overline{y}})^2$$

$$= 4 \times \{(-4.50)^2 + 0.50^2 + 4.00^2\} = 3 \times 36.50$$

$$= 146.00$$

$$\phi_A = 4 - 1 = 3$$

$$\phi_B = 3 - 1 = 2$$

④ 誤差平方和と自由度の計算

実験誤差は繰り返しがないので交互作用効果を求めてこれを誤差とする．結果を表 4-5-5 に示す．

4.5 繰り返しのない二元配置実験

表 4-5-5 実験誤差

因子	B_1	B_2	B_3	計
A_1	−1.83	−0.83	2.67	0.00
A_2	1.50	−1.50	0.00	0.00
A_3	0.83	1.83	−2.67	0.00
A_4	−0.50	0.50	0.00	0.00
計	0.00	0.00	0.00	0.00

注) 数値の丸めで合計と計が一致しない部分もある．

因子 A の第1水準と因子 B の第1水準での組合せでの誤差を計算する．

$e_{11} = y_{11} - \bar{y}_{1\cdot} - \bar{y}_{\cdot 1} + \bar{\bar{y}}$

$= 58 - 64.33 - 65.50 + 70.00 = -1.83$

誤差平方和は誤差の2乗和で計算する．

$S_e = \sum_{i,j=1}^{4,3} e_{ij}^2$

$= (-1.83)^2 + (-0.83)^2 + \cdots + 0.00^2 = 27.33$

$\phi_e = (4-1)(3-1) = 6$

手順2 分散分析表の作成

取り上げた因子の効果が大きいかどうかを判定するために表 4-5-6 の分散分析表を作成し，判定する．

表 4-5-6 分散分析表

要因	平方和	自由度	分散	分散比	限界値
A	304.67	3	101.556	22.29	4.76
B	146.00	2	73.000	16.02	5.14
e	27.33	6	4.556		
計	478.00	11			

第4章 二元配置実験の計画と解析

分散分析の結果から因子 A と因子 B の主効果は有意となった．磁性粉の種類と添加剤の種類は，電磁特性に影響を与える．

(3) 推定

繰り返しのない二元配置では交互作用がないことを仮定しているので因子ごとに母平均を推定する．

① 因子 A の推定

A_1 での母平均の点推定値を求める．

$$\hat{\mu}(A_1) = \hat{\mu} + \hat{a}_1 = 70.00 + (-5.67) = 64.33$$

信頼率 95％の信頼区間と l.s.d を求める．

$$\pm t(\phi_e, \alpha)\sqrt{\frac{V_e}{b}} = \pm t(6, 0.05)\sqrt{\frac{4.556}{3}} = \pm 2.447 \times 1.232 = \pm 3.01$$

$$l.s.d = t(\phi_e, \alpha)\sqrt{\frac{2V_e}{b}} = t(6, 0.05)\sqrt{\frac{2 \times 4.556}{3}} = 2.447 \times 1.743 = 4.27$$

他の水準についても計算した結果を表 4-5-7 と図 4-5-2 に示す．

② 因子 B の推定

B_1 での母平均の点推定値を求める．

$$\hat{\mu}(B_1) = \hat{\mu} + \hat{\beta}_1 = 70.00 + (-4.50) = 65.50$$

信頼率 95％の信頼区間と l.s.d を求める．

$$\pm t(\phi_e, \alpha)\sqrt{\frac{V_e}{a}} = \pm t(6, 0.05)\sqrt{\frac{4.556}{4}} = \pm 2.447 \times 1.067 = \pm 2.61$$

$$l.s.d = t(\phi_e, \alpha)\sqrt{\frac{2V_e}{a}} = t(6, 0.05)\sqrt{\frac{2 \times 4.556}{4}} = 2.447 \times 1.509 = 3.69$$

他の水準についても計算した結果を表 4-5-8 と図 4-5-3 に示す．

4.5 繰り返しのない二元配置実験

表 4-5-7　因子 A の推定

因　子	点推定値	下側信頼限界	上側信頼限界
A_1	64.33	61.32	67.34
A_2	73.00	69.91	76.01
A_3	76.67	73.66	79.68
A_4	66.00	62.99	69.01

図 4-5-2　因子 A の推定グラフ

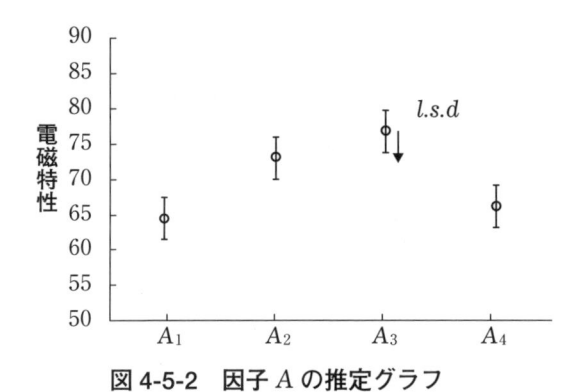

表 4-5-8　因子 B の推定

因　子	点推定値	下側信頼限界	上側信頼限界
B_1	65.50	62.89	68.11
B_2	70.50	67.89	73.11
B_3	74.00	71.39	76.61

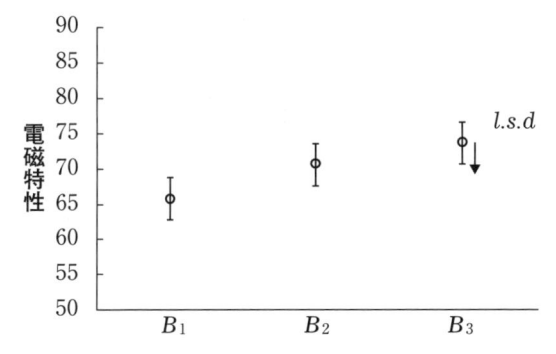

図 4-5-3　因子 B の推定グラフ

143

第4章 二元配置実験の計画と解析

③ 最適水準での推定

因子 A の最適水準と因子 B の最適水準とを組み合せた条件での母平均 $\mu(A_iB_j)$ を推定する．因子 A は A_3 がよく，因子 B は B_3 がよいので $\mu(A_3B_3)$ の推定を行う．

$$\hat{\mu}(A_3B_3) = \hat{\mu} + \hat{\alpha}_3 + \hat{\beta}_3$$
$$= 70.00 + 6.67 + 4.00 = 80.67$$

信頼率 95% の信頼区間の幅を求める．

$$\pm t(\phi_e, \alpha)\sqrt{\frac{V_e}{n_e}} = \pm t(6, 0.05)\sqrt{\frac{1 \times 4.556}{2}}$$
$$= \pm 2.447 \times 1.509 = \pm 3.69$$

ただし，有効繰り返し数は田口の式から計算する．

$$n_e = \frac{ab}{\phi_A + \phi_B + 1} = \frac{12}{2 + 3 + 1} = 2$$

4.5.5　Excel での解法

4.5.4 項の例題を Excel を使って解く．B2 セルに因子 A の水準数である 4 を，B3 セルに因子 B の水準数 3 を，さらに B4 セルに有意水準である 0.05 を入力する．

① 総平均を計算する（図 4-5-4）．

	G
7	70.00

	G
7	=AVERAGE(D3:F6)

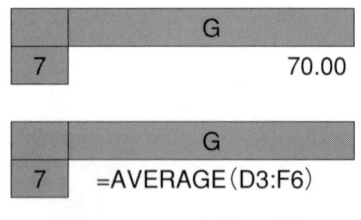

図 4-5-4　総平均の計算

4.5 繰り返しのない二元配置実験

② 因子 A の平均と主効果を計算する（図 4-5-5）．

	G	H	I
2	平均	主効果	2 乗
3	64.33	-5.67	32.11

	G	H	I
2	平均	主効果	2 乗
3	=AVERAGE(D3:F3)	=G3-$G$7	=H3*H3

図 4-5-5 因子 A の計算

③ 因子 B の平均と主効果を計算する（図 4-5-6）．

	C	D
7	平均	65.50
8	主効果	-4.50
9	2 乗	20.25

	C	D
7	平均	=AVERAGE(D3:D6)
8	主効果	=D7-$G$7
9	2 乗	=D8*D8

図 4-5-6 因子 B の計算

④ 因子 A と B の平方和を計算する（図 4-5-7）．

	H	I	J
8		304.67	SA
9	146.00	478.00	ST
10	SB		

	H	I	J
8		=B3*I7	SA
9	=B2*G9	=DEVSQ(D3:F6)	ST
10	SB		

図 4-5-7 平方和の計算

第4章 二元配置実験の計画と解析

⑤ 誤差を計算する(図 4-5-8).

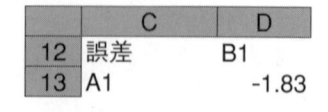

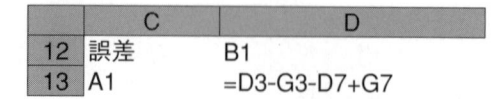

	C	D
12	誤差	B1
13	A1	-1.83

	C	D
12	誤差	B1
13	A1	=D3-G3-D7+G7

図 4-5-8　誤差の計算

⑥ 誤差平方和を計算する(図 4-5-9).

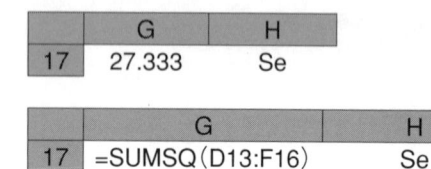

	G	H
17	27.333	Se

	G	H
17	=SUMSQ(D13:F16)	Se

図 4-5-9　誤差平方和の計算

⑦ 分散分析表を作成する(図 4-5-10).

	A	B	C	D	E	F
20		分散分析表				
21	要因	平方和	自由度	分散	分散比	限界値
22	A	304.67	3	101.556	22.29	4.76
23	B	146.00	2	73.000	16.02	5.14
24	e	27.33	6	4.556		
25	計	478.00	11			

	A	B	C	D	E	F
20		分散分析表				
21	要因	平方和	自由度	分散	分散比	限界値
22	A	=I8	=B2-1	=B22/C22	=D22/D24	=FINV(B4,C22,C24)
23	B	=H9	=B3-1	=B23/C23	=D23/D24	=FINV(B4,C23,C24)
24	e	=G17	=C22*C23	=B24/C24		
25	計	=I9	=B2*B3-1			

図 4-5-10　分散分析表の作成

4.5　繰り返しのない二元配置実験

⑧　因子 A について母平均を計算する（図 4-5-11）．

	A	B	C	D
27		点推定値	下側信頼限界	上側信頼限界
28	A1	64.33	61.32	67.35
29	A2	73.00	69.98	76.02
30	A3	76.67	73.65	79.68
31	A4	66.00	62.98	69.02
32	幅	3.02		
33	l.s.d	4.26		

	A	B	C	D
27		点推定値	下側信頼限界	上側信頼限界
28	A1	=G$7+H3	=B28-$B$32	=B28+$B$32
32	幅	=TINV(B4,C24)*SQRT(D24/B3)		
33	l.s.d	=TINV(B4,C24)*SQRT(2*D24/B3)		

図 4-5-11　因子 A の推定

⑨　因子 B について母平均を推定する（図 4-5-12）．

	A	B	C	D
34		点推定値	下側信頼限界	上側信頼限界
35	B1	65.50	62.89	68.11
36	B2	70.50	67.89	73.11
37	B3	74.00	77.17	76.61
38	幅	2.61		
39	l.s.d	3.69		

	A	B	C	D
34		点推定値	下側信頼限界	上側信頼限界
35	B1	=$G$7+D8	=B35-$B$38	=B35+$B$38
38	幅	=TINV(B4,C24)*SQRT(D24/B2)		
39	l.s.d	=TINV(B4,C24)*SQRT(2*D24/B2)		

図 4-5-12　因子 B の推定

第4章　二元配置実験の計画と解析

⑩　組合せについて母平均を推定する（図 4-5-13）.

	A	B	C	D
40		B1	B2	B3
41	A1	59.83	64.83	68.33
42	A2	68.50	73.50	77.00
43	A3	72.17	77.17	80.67
44	A4	61.50	66.50	70.00
45	幅	3.69		

	A	B	C	D
40		B1	B2	B3
41	A1	=G7+H3+D8		
45	幅	=TINV(B4,C24)*SQRT(D24*(C22+C23+1)/(B2*B3))		

図 4-5-13　組合せの推定

4.6　水準数と繰り返し数

　二元配置の実験の計画で必要となるのが水準数と繰り返し数の選択である．取り上げる因子が質的因子であれば水準数は比較したい処理数とすればよい．取り上げる因子が量的因子の場合には実験範囲内における回帰式の次数によって水準数は決まる．実験範囲内において特性が線形で増加あるは減少するのであれば1次式を仮定すればよい．1次式を仮定した場合に水準数を2にしてしまうと当てはまりの悪さの評価ができないので水準数は3以上がよい．2次式を仮定する場合には同じように当てはまりの悪さを評価できるように水準数は4以上にするのがよい．

　取り上げる2因子間に交互作用がないことが技術的にわかっていれば繰り返しを行う必要はない．交互作用の大きさが不明な場合には必ず繰り返しを実施する．繰り返し数としては誤差の自由度の大きさ ϕ_e を目安とする．この自由度が 6〜20 程度は確保したいので，式(4.6.1)から求めるのがよい．

$$\phi_e = ab(n-1) = 6 \sim 20 \tag{4.6.1}$$

水準数が多ければ繰り返し数は少なくてもよく，水準数が少ない場合には繰り返し数を多く取る必要がある．

4.7 交互作用

2因子以上の組合せによって発生する効果が交互作用である．図 4-7-1 のような応答曲面の場合には交互作用はない．

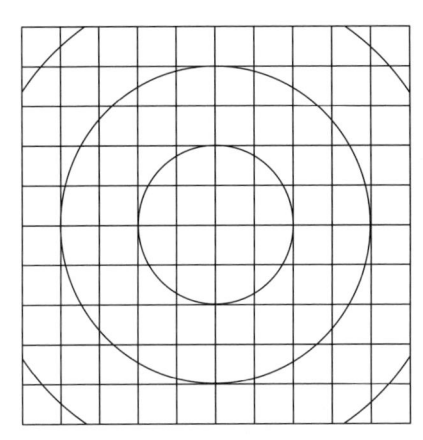

図 4-7-1 交互作用なし

図 4-7-2 のような応答曲面の場合には交互作用がある．ただし，実験での水準の取り方によって交互作用は現れたり現れなかったりする．

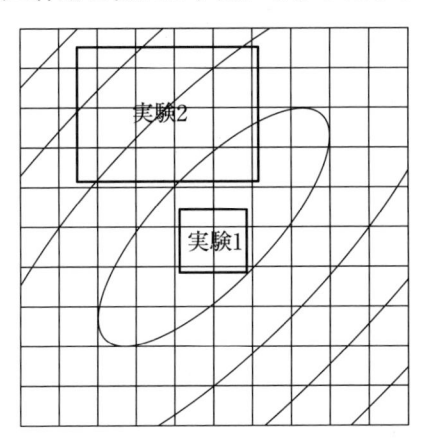

図 4-7-2 交互作用あり

第4章　二元配置実験の計画と解析

　図4-7-2で実験1のように狭い範囲での実験では交互作用は有意とはならないであろう．これに対して実験2のように広い範囲での実験では交互作用は有意となるであろう．このように交互作用はどこで・どのような範囲で実験を行ったかによって現れたり現れなかったりするので注意が必要である．

　統計的に有意となった交互作用についてはその中身について技術的に解釈する必要がある．

第5章
2水準の直交配列表実験の計画と解析

5.1　実験回数を減らす工夫

3因子以上の因子を取り上げ，因子のすべての水準組合せで実験を実施する計画を多元配置と呼ぶ．例えば因子 A，B，C を取り上げて三元配置を実施したときのデータの構造は式(5.1.1)となる．

$$y_{ijkl} = \mu + \alpha_i + \beta_j + \delta_k + (\alpha\beta)_{ij} + (\alpha\delta)_{ik} + (\beta\delta)_{jk} + (\alpha\beta\delta)_{ijk} + \varepsilon_{ijkl}$$

(5.1.1)

$(\alpha\beta\delta)_{ijk}$ は3因子交互作用であり3因子の組合せによって生じる効果を意味する．

さて，因子 A，B，C の水準数を a，b，c とし，繰り返し数を n とすると必要な実験回数は $N = abcn$ となる．要因配置実験での必要な実験回数 N はすべての因子の水準数の積に繰り返し数をかけた値となり，実験にかかるコストが膨大になることと実験が長期に渡り実験の場を管理することが難しくなって実験誤差が大きくなってしまうなど実際的ではない．

実験回数が増えることによってどの情報が増えるかを知るためにすべての因子を2水準とした場合の因子の数と実験回数，求められる要因効果を表 5-1-1 と図 5-1-1 とに示す．

表 5-1-1 と図 5-1-1 からわかるように，因子数の増加に対して実験回数は増えていくが知りたい情報である主効果の数はあまり増えない．明らかに技術的には効果が小さいと考えられる2因子交互作用や存在しても制御できないあるいは効果が小さいであろう高次の交互作用のような不必要な情報の数が増えてお

第5章 2水準の直交配列表実験の計画と解析

表 5-1-1 実験回数と要因の数

因子数	実験回数	主効果の数	2因子交互作用の数	3	4	5	6	7	8	9	10	3因子以上の交互作用の数
2	$2^2 = 4$	2	1									0
3	$2^3 = 8$	3	3	1								1
4	$2^4 = 16$	4	6	4	1							5
5	$2^5 = 32$	5	10	10	5	1						16
6	$2^6 = 64$	6	15	20	15	6	1					42
7	$2^7 = 128$	7	21	35	35	21	7	1				99
8	$2^8 = 256$	8	28	56	70	56	28	8	1			219
9	$2^9 = 512$	9	36	84	126	126	84	36	9	1		466
10	$2^{10} = 1024$	10	45	120	210	252	210	120	45	10	1	968

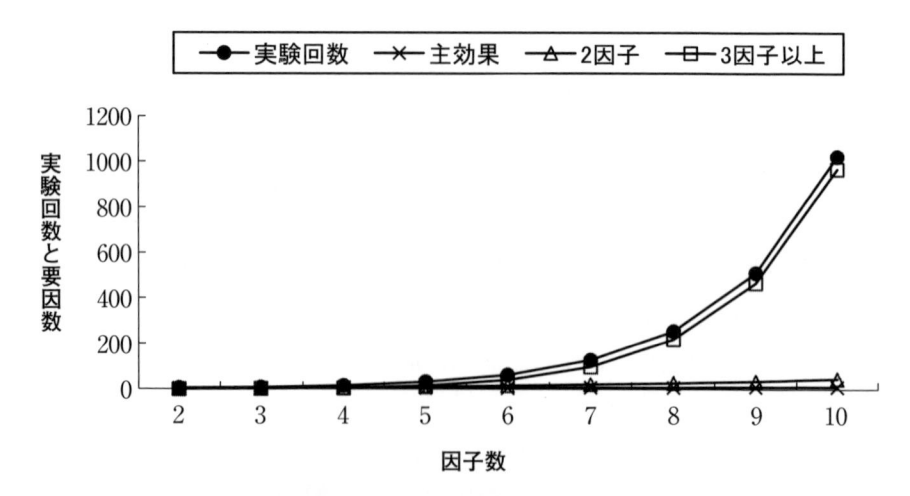

図 5-1-1 因子数の変化に伴う実験回数と要因数の変化

り，必要のない情報を得るために実験回数を増やすのはうまい方法ではなく，実験回数を増やさず必要な情報のみを得る計画が必要となる．実験回数を減らすには，水準数を抑え，知りたい要因のみについて実験すればよい．これには一部実施法と交絡法とを使うことになるが，直交配列表を使うと一部実施法と交絡法を用いた実験が簡単に計画できる．直交配列表は要因の数が多くても少ない実験回数で済むので，多くの要因を効果の大きな要因と効果の小さな要因とに分けることを目的とした実験に有効である．このような目的をもつ実験を特に大網を張る実験とも呼ぶ．

5.2　2水準の直交配列表

5.2.1　直交配列表の種類

2水準の直交配列表である $L_4(2^3)$ を表5-2-1，$L_8(2^7)$ を表5-2-2，$L_{16}(2^{15})$ を表5-2-3に示す．

表5-2-1　$L_4(2^3)$ 直交配列表

列番 行No.	1	2	3
1	1	1	1
2	1	2	2
3	2	1	2
4	2	2	1
成分 記号	a	b	a b

表5-2-2　$L_8(2^7)$ 直交配列表

列番 行No.	1	2	3	4	5	6	7
1	1	1	1	1	1	1	1
2	1	1	1	2	2	2	2
3	1	2	2	1	1	2	2
4	1	2	2	2	2	1	1
5	2	1	2	1	2	1	2
6	2	1	2	2	1	2	1
7	2	2	1	1	2	2	1
8	2	2	1	2	1	1	2
成分 記号	a	a b	b	a c	a b c	b c	a b c

第5章 2水準の直交配列表実験の計画と解析

表 5-2-3　$L_{16}(2^{15})$ 直交配列表

列番 行No.	1	2	3	4	5	6	7	8	9	10	11	12	13	14	15
1	1	1	1	1	1	1	1	1	1	1	1	1	1	1	1
2	1	1	1	1	1	1	1	2	2	2	2	2	2	2	2
3	1	1	1	2	2	2	2	1	1	1	1	2	2	2	2
4	1	1	1	2	2	2	2	2	2	2	2	1	1	1	1
5	1	2	2	1	1	2	2	1	1	2	2	1	1	2	2
6	1	2	2	1	1	2	2	2	2	1	1	2	2	1	1
7	1	2	2	2	2	1	1	1	1	2	2	2	2	1	1
8	1	2	2	2	2	1	1	2	2	1	1	1	1	2	2
9	2	1	2	1	2	1	2	1	2	1	2	1	2	1	2
10	2	1	2	1	2	1	2	2	1	2	1	2	1	2	1
11	2	1	2	2	1	2	1	1	2	1	2	2	1	2	1
12	2	1	2	2	1	2	1	2	1	2	1	1	2	1	2
13	2	2	1	1	2	2	1	1	2	2	1	1	2	2	1
14	2	2	1	1	2	2	1	2	1	1	2	2	1	1	2
15	2	2	1	2	1	1	2	1	2	2	1	2	1	1	2
16	2	2	1	2	1	1	2	2	1	1	2	1	2	2	1
成分 記号	a		a		a		a		a		a		a		a
		b	b			b	b			b	b			b	b
				c	c	c	c					c	c	c	c
								d	d	d	d	d	d	d	d

5.2.2　記号の意味

記号の意味を $L_8(2^7)$ を例にして示す．

① L は Latin square（ラテン方格）の頭文字であり，直交配列表を示す．

② 8は行の数を表す．$L_8(2^7)$ 直交配列表は8行をもつ．行の数を直交配列表の大きさと呼び N で表す．

③ 2は直交配列表の中に書かれる係数の種類を表す．$L_8(2^7)$ 直交配列表の中に書かれる係数は1と2との2種類であり，2水準の直交配列表と

呼ばれる．
④ 7は列の数を表す．$L_8(2^7)$直交配列表では7列をもつ．

5.2.3 直交配列表の性質
直交配列表のもつ性質を$L_8(2^7)$を例にして説明する（表5-2-4）．

表5-2-4　$L_8(2^7)$直交配列表

行No.＼列番	1	2	3	4	5	6	7
1	1	1	1	1	1	1	1
2	1	1	1	2	2	2	2
3	1	2	2	1	1	2	2
4	1	2	2	2	2	1	1
5	2	1	2	1	2	1	2
6	2	1	2	2	1	2	1
7	2	2	1	1	2	2	1
8	2	2	1	2	1	1	2
成分記号	a	a	b	a	a	a	a
		b		b		b	b
				c	c	c	c

① 行：直交配列表の1つの行に1つの実験が対応する．$L_8(2^7)$の場合は8行あるので8回の実験を実施することを意味する．各実験条件は表中の係数によって決まる．行の番号を行No.と呼ぶ．

② 列：列には要因（主効果・交互作用・誤差）を対応させる．対応させることを割り付けるという．列の数と行の数との間には

$$\text{列の数} = \frac{\text{行の数} - 1}{1} \tag{5.2.1}$$

という関係があり，$L_8(2^7)$の場合には，
$7 = (8-1)/1$

155

第 5 章　2 水準の直交配列表実験の計画と解析

となる．
　　直交配列表の総自由度が(行の数 − 1)となるのは以下の理由による．
　　直交配列表による実験でのデータ解析にも分散分析法を使い，平方和を求める必要がある．平方和は総平均からの偏差平方和なので総平均を見積もる必要があり，直交表の総自由度は(行の数 − 1)となる．2 水準の直交配列表での列の数は，1 つの列の自由度が 1 (2 (水準) − 1 = 1)なので(行の数 − 1)/1 となる．列の番号を列番と呼ぶ．
③　係数：直交配列表に書かれる数値であり 2 水準では 1 と 2 とがある．係数によって割り付けられた因子の水準を示す．
④　成分記号：成分記号(基本表示ともいう)は任意の列間の交互作用が現れる列を見つけるのに用いられる．

　　成分記号は次のルールによって作られる．$2^k (k = 0, 1, 2, \cdots)$ 列に $a, b, c, \cdots$ を順に 1 文字ずつ記入する．2^k をはずれる列にはそれまでの成分記号の積を記入する．

- $L_8(2^7)$ の場合
　　$2^0 = 1$　(1 列に a)
　　$2^1 = 2$　(2 列に b，$a \times b$　3 列に ab)
　　$2^2 = 4$　(4 列に c，$a \times c$　5 列に ac，$b \times c$　6 列に bc，$a \times b \times c$
　　　　　　　7 列に abc)

となる．
⑤　直交表の各列では，同じ係数が同じ回数だけ現れる(表 5-2-5)．
⑥　任意の 2 つの列について同じ行にある係数の組合せを作ると，同じ組合せが同じ回数ずつ現れる(表 5-2-6)．
　　例えば 1 列と 2 列の組合せでは，2 個ずつのデータがある(表 5-2-7)．

5.2 2水準の直交配列表

表 5-2-5 列の係数の数

行No. \ 列番	1	2	3	4	5	6	7
1	1	1	1	1	1	1	1
2	1	1	1	2	2	2	2
3	1	2	2	1	1	2	2
4	1	2	2	2	2	1	1
5	2	1	2	1	2	1	2
6	2	1	2	2	1	2	1
7	2	2	1	1	2	2	1
8	2	2	1	2	1	1	2
成分記号	a		a		a		a
		b	b			b	b
				c	c	c	c

表 5-2-6 2列の係数の数

行No. \ 列番	1	2	3	4	5	6	7
1	1	1	1	1	1	1	1
2	1	1	1	2	2	2	2
3	1	2	2	1	1	2	2
4	1	2	2	2	2	1	1
5	2	1	2	1	2	1	2
6	2	1	2	2	1	2	1
7	2	2	1	1	2	2	1
8	2	2	1	2	1	1	2
成分記号	a		a		a		a
		b	b			b	b
				c	c	c	c

第 5 章　2 水準の直交配列表実験の計画と解析

表 5-2-7　1 列と 2 列の場合

1列＼2列	1		2	
1	①	②	③	④
2	⑤	⑥	⑦	⑧

注）○内の数字が行Noを表す．

5.2.4　実験回数が減る理由

いずれも 2 水準の因子 A と B とを取り上げて二元配置実験を実施し，得られた結果を表 5-2-8 とする．なお，実験誤差は考えない．

表 5-2-8　二元配置結果

	B_1	B_2
A_1	y_1	y_2
A_2	y_3	y_4

図 5-2-1 に示すように因子 A と B の主効果と交互作用効果 $A \times B$ は式(5.2.2)で求まる．

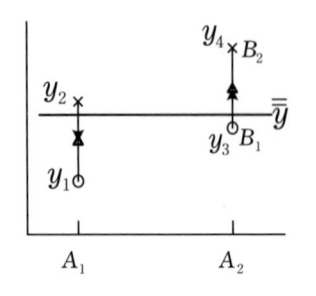

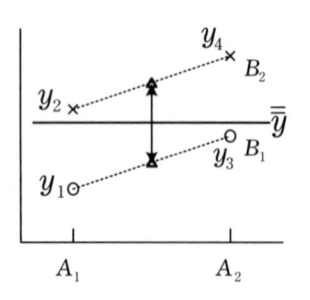

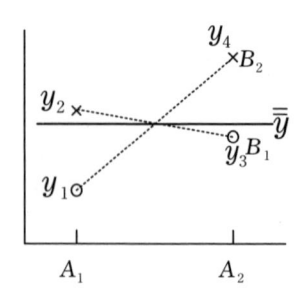

図 5-2-1　効果の求め方

因子 A の効果　$\dfrac{1}{2}\left(\dfrac{y_1+y_2}{2} - \dfrac{y_3+y_4}{2}\right)$

因子 B の効果　$\dfrac{1}{2}\left(\dfrac{y_1+y_3}{2} - \dfrac{y_2+y_4}{2}\right)$

5.2 2水準の直交配列表

交互作用 $A \times B$ の効果　　$\dfrac{1}{2}\left(\dfrac{y_1+y_4}{2}-\dfrac{y_2+y_3}{2}\right)$　　(5.2.2)

いずれの効果も同じ倍数がかかっているので簡単にするために係数を無視して，各データにかかる係数の符号をまとめると表 5-2-9 となる．表 5-2-9 の係数を＋であれば 1，－であれば 2 とすると表 5-2-10 のように $L_4(2^3)$ となる．

表 5-2-9　効果の係数

	A	B	A×B
y_1	+	+	+
y_2	+	−	−
y_3	−	+	−
y_4	−	−	+

表 5-2-10　$L_4(2^3)$

	1	2	3
1	1	1	1
2	1	2	2
3	2	1	2
4	2	2	1

因子 A と B とに交互作用がある場合には，表 5-2-10 の第 3 列は表 5-2-9 でみたように交互作用効果の現れる列となるので因子を割り付けることはできないが，因子 A と B とに交互作用がなく，2 因子とも交互作用がない因子 C がある場合には，第 3 列に因子 C を割り付けて実験ができる（表 5-2-11）．

表 5-2-11　因子 C の割り付け

	A	B	A×B
1	A_1	B_1	
2	A_1	B_2	
3	A_2	B_1	
4	A_2	B_2	

	A	B	C
1	A_1	B_1	C_1
2	A_1	B_2	C_2
3	A_2	B_1	C_2
4	A_2	B_2	C_1

2 水準の因子が 3 個なので，本来であれば $2^3 = 8$ 回の実験が必要であるが，因子 A と B と C との間に交互作用がないことが仮定できれば必要な実験回数は半分の 4 回となる．このように直交配列表では，考慮しなくてよい交互作用に因子を交絡させて実験回数を減らしている．本来であれば 8 回の実験の実施が必要であるがこれを 4 回で済ましているので 4/8 = 1/2 実施と呼ぶ．

第 5 章　2 水準の直交配列表実験の計画と解析

5.3　交互作用列の求め方

　直交配列表をうまく使うには，2 つの列に割り付けられた因子間の交互作用がどの列に現れるかを知ることである．交互作用の現れる列番を求めるには「かけ算のルール」「2 列間の交互作用の表」「線点図」を利用するとよい．

5.3.1　かけ算のルール
　任意の 2 つの列の交互作用は，その 2 つの列における成分記号の積の成分記号をもつ列に現れる．ただし，$a^2 = b^2 = c^2 = \cdots = 1$ とする．例えば成分記号が a と b の 2 列の交互作用はその積である ab の成分記号をもつ列に現れる．
　例を用いてかけ算のルールを説明する．

例 5-1

　$L_{16}(2^{15})$ 直交配列表について以下の 2 つの列の交互作用はどの列に現れるかを表 5-3-1 の成分記号を参考にしてかけ算のルールから求める．

① 1列と2列　　② 1列と3列　　③ 2列と3列　　④ 2列と9列
⑤ 4列と9列　　⑥ 8列と9列　　⑦ 5列と12列
⑧ 11列と14列　　⑨ 13列と15列　　⑩ 7列と13列

表 5-3-1　$L_{16}(2^{15})$ 直交配列表の成分記号

列番	1	2	3	4	5	6	7	8	9	10	11	12	13	14	15
成分記号	a		a		a		a		a		a		a		a
		b	b			b	b			b	b			b	b
				c	c	c	c					c	c	c	c
								d	d	d	d	d	d	d	d

5.3 交互作用列の求め方

① 1列(a)と2列(b)　　　$a \times b = ab$　　　　　　　　3列
② 1列(a)と3列(ab)　　$a \times ab = a^2 b = b$　　　2列
③ 2列(b)と3列(ab)　　$b \times ab = ab^2 = a$　　　1列
④ 2列(b)と9列(ad)　　$b \times ad = abd$　　　　　11列
⑤ 4列(c)と9列(ad)　　$c \times ad = acd$　　　　　13列
⑥ 8列(d)と9列(ad)　　$d \times ad = ad^2 = a$　　1列
⑦ 5列(ac)と12列(cd)　$ac \times cd = ac^2 d = ad$　9列
⑧ 11列(abd)と14列(bcd)　$abd \times bcd = ab^2 cd^2 = ac$　5列
⑨ 13列(acd)と15列($abcd$)　$acd \times abcd = a^2 bc^2 d^2 = b$　2列
⑩ 7列(abc)と13列(acd)　$abc \times acd = a^2 bc^2 d = bd$　10列

5.3.2 交互作用の表

2列間の交互作用が現れる列をまとめたものが表 5-3-2 である．任意の 2 つの列の交互作用が現れる列は表 5-3-2 の交点の列番となる．

表 5-3-2　2列間の交互作用の表

	1	2	3	4	5	6	7	8	9	10	11	12	13	14	15
(1)		3	2	5	4	7	6	9	8	11	10	13	12	15	14
(2)			1	6	7	4	5	10	11	8	9	14	15	12	13
(3)				7	6	5	4	11	10	9	8	15	14	13	12
(4)					1	2	3	12	13	14	15	8	9	10	11
(5)						3	2	13	12	15	14	9	8	11	10
(6)							1	14	15	12	13	10	11	8	9
(7)								15	14	13	12	11	10	9	8
(8)									1	2	3	4	5	6	7
(9)										3	2	5	4	7	6
(10)											1	6	7	4	5
(11)												7	6	5	4
(12)													1	2	3
(13)														3	2
(14)															1

L_4 　L_8 　L_{16}

第 5 章　2 水準の直交配列表実験の計画と解析

例を用いて 2 列間の交互作用の表の使い方を説明する．

例 5-2

$L_{16}(2^{15})$ 直交配列表について図 5-3-1 の 2 つの列の交互作用はどの列に現れるかを表 5-3-2 から求める．

① 1列と2列

1	2
(1)	3

② 1列と3列

1	2	3
(1)		2

③ 2列と3列

1	2	3	4	5	6	7	8	9
(1)	3	2	5	4	7	6	9	8
	(2)	1	6	7	4	5	10	11

④ 2列と9列

1	2	3	4	5	6	7	8	9
(1)	3	2	5	4	7	6	9	8
	(2)	1	6	7	4	5	10	11

⑤ 4列と9列

1	2	3	4	5	6	7	8	9
(1)	3	2	5	4	7	6	9	8
	(2)	1	6	7	4	5	10	11
		(3)	7	6	5	4	11	10
			(4)				12	13

図 5-3-1　表 5-3-2 の使い方

5.4 直交配列表の実験データの解析

5.4.1 分散分析

直交配列表を用いた実験データの解析には分散分析を行う．直交配列表の各行に1個ずつのデータを対応させたときのデータの総平方和は，各列の平方和の和に等しい．すなわち，総平方和を S_T，第 (i) 列の平方和を $S_{(i)}$ とすると，式(5.4.1)となる．

$$S_T = \sum_{i=1}^{N-1} S_{(i)} \tag{5.4.1}$$

第 (i) 列の平方和 $S_{(i)}$ は効果の2乗和に直交配列表の大きさの半分である繰り返し数をかけて求まるので，第 (i) 列の1水準と2水準での平均をそれぞれ $\overline{y}_{(i)1}$，$\overline{y}_{(i)2}$ さらに総平均を $\overline{\overline{y}}$ とすると式(5.4.2)となる．

$$S_{(i)} = \frac{N}{2} \{ (\overline{y}_{(i)1} - \overline{\overline{y}})^2 + (\overline{y}_{(i)2} - \overline{\overline{y}})^2 \} \tag{5.4.2}$$

2水準の直交配列表の場合には，さらに計算方法を簡単にすることができる．総平均 $\overline{\overline{y}}$ は各水準での平均 $\overline{y}_{(i)1}$ と $\overline{y}_{(i)2}$ との平均であるから式(5.4.3)となる．

$$\overline{\overline{y}} = (\overline{y}_{(i)1} + \overline{y}_{(i)2})/2 \tag{5.4.3}$$

これを平方和の式に代入すると式(5.4.4)となる．

$$\begin{aligned} S_{(i)} &= \frac{N}{2} \{ (\overline{y}_{(i)1} - \overline{\overline{y}})^2 + (\overline{y}_{(i)2} - \overline{\overline{y}})^2 \} \\ &= \frac{N}{2} \{ (\overline{y}_{(i)1} - (\overline{y}_{(i)1} + \overline{y}_{(i)2})/2)^2 + (\overline{y}_{(i)2} - (\overline{y}_{(i)1} + \overline{y}_{(i)2})/2)^2 \} \\ &= \frac{N}{2} \frac{(\overline{y}_{(i)1} - \overline{y}_{(i)2})^2}{2} = \frac{N}{4} (\overline{y}_{(i)1} - \overline{y}_{(i)2})^2 \end{aligned} \tag{5.4.4}$$

そのため，水準での平均値の差の2乗から平方和が求まる．列の自由度 $\phi_{(i)}$ は2水準なので式(5.4.5)となる．

$$\phi_{(i)} = 2 - 1 = 1 \tag{5.4.5}$$

第5章 2水準の直交配列表実験の計画と解析

　誤差平方和は因子も交互作用も割り付けられていない空き列の平方和の和から求める．誤差自由度は列の自由度が1なので空き列の数に等しい．
　分散分析表を作成して各要因効果を誤差分散で検定する．直交配列表でのプーリングは，効果の有無が不明な因子も割り付けて実験しているので，主効果もプーリングの対象とする．ただし，交互作用が無視できない主効果は小さくてもプーリングせずに残しておく．
　例を使って，直交配列表の実験データの解析方法について説明する．

例5-3

　T社の反応工程では薬品Zを製造している．収率を増大させる条件を探すために表5-4-1の因子と水準を取り上げて実験を行った．

表5-4-1　因子と水準

因　子	水準1	水準2
A（反応温度）	200℃	250℃
B（反応時間）	2時間	4時間
C（原料種類）	C_1	C_2
D（触媒種類）	D_1	D_2

　技術的に検出したい交互作用は $A \times B$, $A \times C$ である．実験の割り付けとデータを表5-4-2に示す．なお，8回の実験はランダムな順序で行った．

表5-4-2　割り付けとデータ

列番＼行No.	1	2	4	7	収率
1	1	1	1	1	81.5
2	1	1	2	2	87.3
3	1	2	1	2	82.9
4	1	2	2	1	85.3
5	2	1	1	2	87.5
6	2	1	2	1	85.3
7	2	2	1	1	84.0
8	2	2	2	2	88.0
因子	A	B	C	D	

	実験内容				実験順序
	A	B	C	D	
1	200℃	2時間	C_1	D_1	7
2	200℃	2時間	C_2	D_2	3
3	200℃	4時間	C_1	D_2	6
4	200℃	4時間	C_2	D_1	8
5	250℃	2時間	C_1	D_2	4
6	250℃	2時間	C_2	D_1	2
7	250℃	4時間	C_1	D_1	1
8	250℃	4時間	C_2	D_2	5

5.4 直交配列表の実験データの解析

(1) 実験データのグラフ化

各列のデータをグラフ化する．実験データを○で，水準での平均値を×で示す（図 5-4-1）．

図 5-4-1 実験データのグラフ

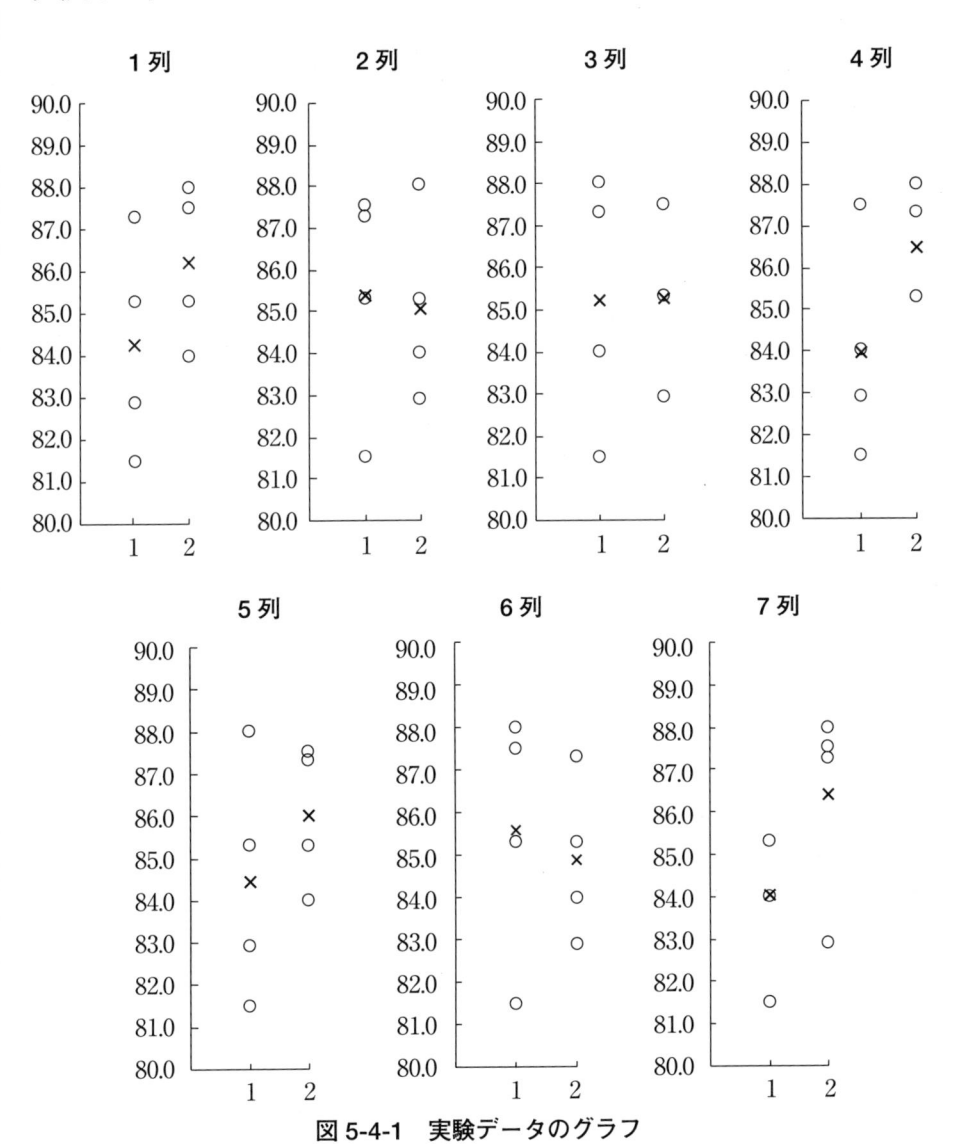

第5章 2水準の直交配列表実験の計画と解析

グラフから1, 4, 5, 7列の平均値のずれが大きいのでこの列の効果は大きいと思われる．また，2, 3, 6列の平均値のずれは小さいのでこの列の効果は小さいと思われる．

(2) 交互作用の現れる列

今回の実験では検出したい交互作用が$A \times B$，$A \times C$であるので，これらがどの列に現れるかを確認する．「成分記号のかけ算のルール」か「2列間の交互作用の表」を使って交互作用の現れる列番を求める．

因子Aは1列(a)に因子Bは2列(b)に割り付けられているので，交互作用$A \times B$はかけ算のルールから

$$a \times b = ab \quad 3列$$

に，因子Cは4列(c)に割り付けられているので，交互作用$A \times C$はかけ算のルールから

$$a \times c = ac \quad 5列$$

にそれぞれ現れる．

(3) 各列の要因の確認

各列に割り付けられた要因を記入した割り付け表を作成し，各列の要因を確認する（表5-4-3）．

表5-4-3 割り付け表

列番	1	2	3	4	5	6	7
要因	A	B	$A \times B$	C	$A \times C$	e	D

第6列は因子も交互作用も割り付けられていないので誤差列となる．

(4) 平方和と自由度の計算

総平方和と各列の平方和と自由度を計算する．
総平方和S_Tと自由度ϕ_Tは

5.4 直交配列表の実験データの解析

で計算される．

$$S_T = \sum_{i=1}^{N}(y_i - \bar{\bar{y}})^2$$

$$\phi_T = N - 1$$

$$\bar{\bar{y}} = \frac{681.8}{8} = 85.225$$

$$S_T = \sum_{i=1}^{N}(y - \bar{\bar{y}})^2 = (81.5 - 85.225)^2 + \cdots + (88.0 - 85.225)^2$$

$$= 37.975$$

$$\phi_T = N - 1 = 8 - 1 = 7$$

例えば第1列について平方和と自由度を求める．

$$\bar{y}_{(1)1} = \frac{(81.5 + 87.3 + 82.9 + 85.3)}{4} = \frac{337.0}{4} = 84.25$$

$$\bar{y}_{(1)2} = \frac{(87.5 + 85.3 + 84.0 + 88.0)}{4} = \frac{344.8}{4} = 86.20$$

$$S_{(1)} = \frac{N}{2}\{(\bar{y}_{(1)1} - \bar{\bar{y}})^2 + (\bar{y}_{(1)2} - \bar{\bar{y}})^2\}$$

$$= 4 \times \{(84.25 - 85.225)^2 + (86.20 - 85.225)^2\} = 7.605$$

あるいは

$$S_{(1)} = \frac{N}{4}(\bar{y}_{(1)1} - \bar{y}_{(1)2})^2 = 2 \times (84.25 - 86.20)^2 = 7.605$$

となる．

自由度は

$$\phi_{(1)} = 2 - 1 = 1$$

となる．

　他の列についても同じように計算するが，電卓などで誤りなく計算するためには表5-4-4の計算補助表を用いる．まず各列に列番と割り付けた要因とを記入する．係数が1のデータと係数が2のデータとを拾い出して記入し，水準ご

第 5 章　2 水準の直交配列表実験の計画と解析

表 5-4-4　計算補助表

列　番	\multicolumn{2}{c}{1}	\multicolumn{2}{c}{2}	\multicolumn{2}{c}{3}	\multicolumn{2}{c}{4}	\multicolumn{2}{c}{5}
要　因	\multicolumn{2}{c}{A}	\multicolumn{2}{c}{B}	\multicolumn{2}{c}{$A \times B$}	\multicolumn{2}{c}{C}	\multicolumn{2}{c}{$A \times C$}
水　準	1	2	1	2	1	2	1	2	1	2
	81.5	87.5	81.5	82.9	81.5	82.9	81.5	87.3	81.5	87.3
	87.3	85.3	87.3	85.3	87.3	85.3	82.9	85.3	82.9	85.3
	82.9	84.0	87.5	84.0	84.0	87.5	87.5	85.3	85.3	87.5
	85.3	88.0	85.3	88.0	88.0	85.3	84.0	88.0	88.0	84.0
計	337.0	344.8	341.6	340.2	340.8	341.0	335.9	345.9	337.7	344.1
平　均	84.250	86.200	85.400	85.050	85.200	85.250	83.975	86.475	84.425	86.025
平方和	\multicolumn{2}{c}{7.605}	\multicolumn{2}{c}{0.245}	\multicolumn{2}{c}{0.005}	\multicolumn{2}{c}{12.500}	\multicolumn{2}{c}{5.120}

列　番	\multicolumn{2}{c}{6}	\multicolumn{2}{c}{7}
要　因	\multicolumn{2}{c}{e}	\multicolumn{2}{c}{D}
水　準	1	2	1	2
	81.5	87.3	81.5	87.3
	85.3	82.9	85.3	82.9
	87.5	85.3	85.3	87.5
	88.0	84.0	84.0	88.0
計	342.3	339.5	336.1	345.7
平　均	85.575	84.875	84.025	86.425
平方和	\multicolumn{2}{c}{0.980}	\multicolumn{2}{c}{11.520}

との計を求め，平均値を計算し，平方和を計算する．

(5) 分散分析表の作成

表 5-4-4 の計算補助表から各要因の平方和を拾い，分散分析表にまとめる．今回の実験では誤差列が 1 つの列なので誤差自由度は 1 となる（表 5-4-5）．

5.4 直交配列表の実験データの解析

表 5-4-5　分散分析表

要因	平方和	自由度	分散	分散比	限界値
A	7.605	1	7.605	7.76	161
B	0.245	1	0.245	0.25	161
C	12.500	1	12.500	12.76	161
D	11.520	1	11.520	11.76	161
$A \times B$	0.005	1	0.005	0.01	161
$A \times C$	5.120	1	5.120	5.22	161
e	0.980	1	0.980		
計	37.975	7			

誤差の自由度が $\phi_e = 1$ と小さいために有意となる要因がない．誤差の自由度を大きくするために分散比の値の小さな要因 B，$A \times B$ を誤差にプールして分散分析表を作り直す（表 5-4-6）．

表 5-4-6　分散分析表（プーリング後）

要因	平方和	自由度	分散	分散比	限界値
A	7.605	1	7.605	18.55	10.13
C	12.500	1	12.500	30.49	10.13
D	11.520	1	11.520	28.10	10.13
$A \times C$	5.120	1	5.120	12.49	10.13
e	1.230	3	0.410		
計	37.975	7			

有意水準 5% で主効果 A，C，D および交互作用 $A \times C$ が有意となった．したがってデータの構造式は，

$$y_{ijk} = \mu + a_i + c_j + d_k + (ac)_{ij} + \varepsilon_{ijk}$$

となる．

(**注 5.1**)　データの構造式で効果はギリシア文字で書くべきであるが，簡明にするためにローマ字で書く．

第5章 2水準の直交配列表実験の計画と解析

5.4.2 推定

分散分析で得られた結論に従って推定する．

分散分析表から A，C，D および $A \times C$ が有意なので，因子 D は単独で，因子 A，C は組み合わせて母平均を推定する．これら推定結果から A，C，D の最適条件を選定し，その母平均を推定する．

(1) 主効果のみが有意となった D について

主効果のみが有意となったので単独で母平均を推定する．

① 点推定

$$\hat{\mu}(D_k) = \hat{\mu} + \hat{d}_k = \overline{\overline{y}} + (\overline{y}_{(7)k} - \overline{\overline{y}})$$
$$\hat{\mu}(D_1) = \hat{\mu} + \hat{d}_1 = \overline{\overline{y}} + (\overline{y}_{(7)1} - \overline{\overline{y}}) = 85.225 + (-1.200) = 84.03$$
$$\hat{\mu}(D_2) = \hat{\mu} + \hat{d}_2 = \overline{\overline{y}} + (\overline{y}_{(7)2} - \overline{\overline{y}}) = 85.225 + 1.200 = 86.43$$

② 区間推定

信頼率 95％の信頼区間の幅は

$$\pm t(\phi_e, \alpha)\sqrt{\frac{V_e}{n_e}} = \pm t(3, 0.05)\sqrt{\frac{0.410}{4}} = \pm 3.182 \times 0.320 = \pm 1.018$$

となる．ただし，有効繰り返し数は

$$n_e = \frac{N}{\phi_D + 1} = \frac{8}{1+1} = 4$$

となり，信頼限界は

$\mu(D_1)$：83.00，85.04

$\mu(D_2)$：85.41，87.44

となる．

(2) 交互作用が有意となった A，C について

交互作用 $A \times C$ が有意なので組み合わせて推定する．

① 点推定

総平均に各主効果と交互作用効果を加える（表 5-4-7）．

5.4 直交配列表の実験データの解析

表 5-4-7　点推定

	$\hat{\mu}$	$\hat{a}_{i(1)}$	$\hat{c}_{k(4)}$	$\widehat{ac}_{ik(5)}$	点推定値
A_1C_1	85.225	-0.975	-1.250	-0.800	82.20
A_1C_2	85.225	-0.975	1.250	0.800	86.30
A_2C_1	85.225	0.975	-1.250	0.800	85.75
A_2C_2	85.225	0.975	1.250	-0.800	86.65

$\hat{\mu}(A_iC_j) = \hat{\mu} + \hat{a}_i + \hat{c}_j + \hat{a}\hat{c}_{ij}$

交互作用も考慮する必要があるので効果の並びは $L_4(2^3)$ の係数と同じ並びにする．表 5-4-7 の効果を表す記号の隣の数字は列番を表す．

② 区間推定

信頼率 95%の信頼区間の幅が

$$\pm t(\phi_e, \alpha)\sqrt{\frac{V_e}{n_e}} = \pm t(3, 0.05)\sqrt{\frac{0.410}{4}}$$

$$= \pm 3.182 \times 0.453 = \pm 1.441$$

となる．ここで，有効繰り返し数は

$$n_e = \frac{N}{\phi_A + \phi_C + \phi_{A \times C} + 1} = \frac{8}{1+1+1+1} = 2$$

となり，信頼限界は

$\mu(A_1C_1)$：$82.20 \pm 1.441 = 80.76, 83.64$

$\mu(A_1C_2)$：$84.86, 87.74$

$\mu(A_2C_1)$：$84.31, 87.19$

$\mu(A_2C_2)$：$85.21, 88.09$

となる．

(3) 推定結果のグラフ化

各因子ごとに推定結果のグラフ化を行う．グラフは縦軸に特性値を，横軸に因子をとる（図 5-4-2）．グラフ内には点推定値を記入する．量的因子の場合に

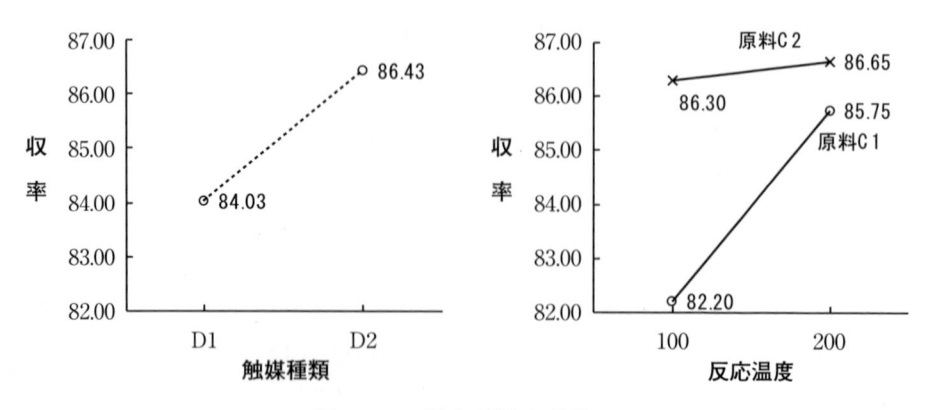

第 5 章　2 水準の直交配列表実験の計画と解析

図 5-4-2　推定結果のグラフ

は水準間に意味があるので点推定値を実線で結ぶ．質的因子の場合には水準間に意味がないので点推定値を破線で結ぶ．交互作用を含めて組み合わせて推定した因子は組合せのグラフとする．横軸にとるべき因子は量的因子とする．

(4)　最適条件での母平均の推定

各因子ごとの推定結果から良い水準を選び出し，これらを組み合わせた最適条件での母平均の推定を行う．特性値を最も大きくする条件は $A_2C_2D_2$ となる．この条件での母平均を推定する．

①　点推定

$$\hat{\mu}(A_2C_2D_2) = \hat{\mu} + \hat{a}_2 + \hat{c}_2 + \hat{d}_2 + \widehat{ac}_{22}$$
$$= 85.225 + 0.975 + 1.250 + 1.200 + (-0.800)$$
$$= 87.85$$

②　区間推定

信頼率 95%の信頼区間の幅は

$$\pm t(\phi_e, \alpha)\sqrt{\frac{V_e}{n_e}} = \pm t(3, 0.05)\sqrt{\frac{5 \times 0.410}{8}}$$
$$= \pm 3.182 \times 0.506 = \pm 1.610$$

5.4 直交配列表の実験データの解析

となる．ここで，有効繰り返し数は

$$n_e = \frac{N}{\phi_A + \phi_C + \phi_D + \phi_{A \times C} + 1} = \frac{8}{5}$$

となり，信頼限界は

$\mu(A_2C_2D_2)$ ： 87.85 ± 1.610 = 86.24, 89.46

となる．

5.4.3 Excel での解法

例 5-1 を Excel を使って解析する．

① 総平均と総平方和を計算する（図 5-4-3）．

	I	J
10	85.225	総平均
11	37.975	総平方和

	I	J
10	=AVERAGE(I2:I9)	総平均
11	=DEVSQ(I2:I9)	総平方和

図 5-4-3 総平均と総平方和の計算

② 第 1 列に割り付けられた要因として主効果 A を入力する（図 5-4-4）．

	K	L
1	列番	1
2	要因	A

	K	L
1	列番	1
2	要因	A

図 5-4-4 割り付け要因の入力

第 5 章　2 水準の直交配列表実験の計画と解析

③　第 1 列の各水準でのデータの計を計算する（図 5-4-5）．

	K	L
3	計	
4	1	337.0
5	2	344.8

	K	L
4	1	=SUMIF(B2:B9,$K$4,$I$2:$I$9)
5	2	=SUMIF(B2:B9,$K$5,$I$2:$I$9)

図 5-4-5　水準計の計算

④　第 1 列での各水準でのデータの平均を計算する（図 5-4-6）．

	K	L
6	平均	
7	1	84.25
8	2	86.20

	K	L
7	1	=L4/COUNTIF(B2:B9,$K$7)
8	2	=L5/COUNTIF(B2:B9,$K$8)

図 5-4-6　水準平均の計算

⑤　第 1 列での効果である $\bar{y}_{(1)1}-\bar{\bar{y}}$ と $\bar{y}_{(1)2}-\bar{\bar{y}}$ を計算する（図 5-4-7）．

	K	L
9	効果	
10	1	-0.975
11	2	0.975

	K	L
10	1	=L7-$I$10
11	2	=L8-$I$10

図 5-4-7　水準効果の計算

5.4 直交配列表の実験データの解析

⑥ 第1列の平方和である $S_{(1)} = \dfrac{N}{2}\{(\overline{y}_{(1)1}-\overline{y})^2+(\overline{y}_{(1)2}-\overline{y})^2\}$ を計算する（図 5-4-8）．

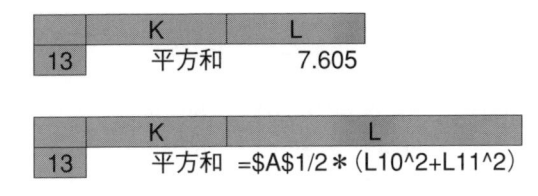

	K	L
13	平方和	7.605

	K	L
13	平方和	=$A$1/2*(L10^2+L11^2)

図 5-4-8 平方和の計算

⑦ 誤差平方和と誤差自由度を計算する（図 5-4-9）．

	S	T
18	1.230	誤差平方和
19	3	誤差自由度

	S	T
18	=SUMIF(L17:R17,S17,L13:R13)	誤差平方和
19	=SUMIF(L17:R17,S17,L15:R15)	誤差自由度

図 5-4-9 誤差平方和と誤差自由度の計算

⑧ 分散分析表を作成する（図 5-4-10）．

	K	L	M	N	O	P
19	要因	平方和	自由度	分散	分散比	限界値
20	A	7.605	1	7.605	18.549	10.128
21	C	12.500	1	12.500	30.488	10.128
22	D	11.520	1	11.520	28.098	10.128
23	A×C	5.120	1	5.120	12.488	10.128
24	e	1.230	3	0.410		
25		37.975	7			

	K	L	M	N	O	P
20	A	=L13	=L15	=L20/M20	=N20/$N$24	=FINV(0.05,M20,M24)
24	e	=S18	=S19	=L24/M24		

注）B と $A \times B$ は誤差にプールされている．

図 5-4-10 分散分析表の作成

175

第 5 章　2 水準の直交配列表実験の計画と解析

⑨　主効果のみ有意となった因子 D について母平均を推定する（図 5-4-11）．

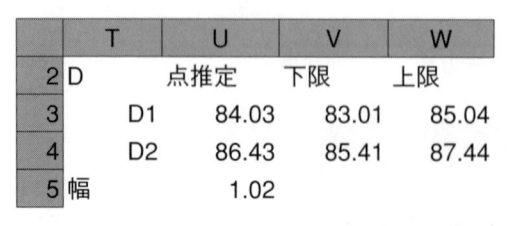

	T	U	V	W
2	D	点推定	下限	上限
3	D1	84.03	83.01	85.04
4	D2	86.43	85.41	87.44
5	幅		1.02	

	T	U	V	W
3	1	=I10+R10	=U3-$U$5	=U3+$U$5
5	幅	=TINV(0.05, M24)*SQRT(N24/(A1/2))		

図 5-4-11　因子 D の推定

⑩　交互作用が有意となった因子 A, C を組み合わせた母平均を推定する（図 5-4-12）．

	T	U	V	W
7	AC	点推定	下限	上限
8	11	82.20	80.76	83.64
9	12	86.30	84.86	87.74
10	21	85.75	84.31	87.19
11	22	86.65	85.21	88.09
12	幅		1.44	

	T	U	V	W
8	11	=I10+L10+O10+P10	=U8-$U$12	=U8+$U$12
9	12	=I10+L10+O11+P11	=U9-$U$12	=U9+$U$12
12	幅	=TINV(0.05, M24)*SQRT(N24/(A1/4))		

図 5-4-12　因子 C の推定

⑪　最適条件での母平均を推定する（図 5-4-13）．

5.5　直交配列表による実験の割り付け

	T	U	V	W
14	A2C2D2	点推定	下限	上限
15		87.85	86.24	89.46
16	幅	1.61		

	T	U	V	W
14	A2C2D2	点推定	下限	上限
15		=I10+L11+O11+R11+P10	=U15-$U$16	=U15+$U$16
16	幅	=TINV(0.05, M24)*SQRT(5*N24/8)		

図 5-4-13　最適条件での推定

5.5　直交配列表による実験の割り付け

　直交配列表を用いた実験の計画について述べる．直交配列表を用いた実験の計画は，各要因を直交配列表のどの列に割り付けるかの決定である．割り付ける方法には成分記号を用いる方法と線点図を用いる方法とがある．線点図を用いる方法は視覚的な方法なので比較的割り付けやすいが，ときとしてうまくいかない場合がある．このときには成分記号を用いた方法を用いるとよい．

5.5.1　成分記号による方法

　直交配列表の各列は互いに直交しているので，割り付けは各要因を独立に取り扱えばよい．ただし交互作用を取り上げた割り付けの場合は工夫が必要となる．ここでは成分記号を利用した要因の割り付け方を例を用いて説明する．

例 5-4
　すべて 2 水準の因子 A, B, C, D, F がある．検出したい交互作用は技術的に考えて $A \times B$, $A \times C$ である．直交配列表への割り付けを行え．

（注 5.2）　記号 E は実験誤差と間違えやすいので因子記号としては使わない．

第5章 2水準の直交配列表実験の計画と解析

手順1 直交配列表を選択する．

求めたい要因の自由度の総和を計算し，使う直交配列表の大きさを決める（表5-5-1）．

表 5-5-1 必要な自由度

要因	A	B	C	D	F	$A \times B$	$A \times C$	計
自由度	1	1	1	1	1	1	1	7

$L_4(2^3)$ は自由度が3なので列が足りないので割り付けられない．次のサイズの $L_8(2^7)$ は自由度が7なので割り付けられそうである．ただし，$\phi_e = 7-7 = 0$ なので誤差列はない．このような計画を飽和計画とも呼ぶ．

手順2 直交配列表への割り付けを行う（表5-5-2）．

表 5-5-2 $L_8(2^7)$ 直交配列表の成分記号

列番	1	2	3	4	5	6	7
成分記号	a		a		a		a
		b	b			b	b
				c	c	c	c

① 交互作用が必要な因子 A, B, C から割り付ける．なるべく成分記号が1文字の列（a, b, c）に順に割り付けるとよい．

A を割り付ける列の候補は1列（a），2列（b）あるいは4列（c）となる．ここでは1列に A を割り付ける．次に B を割り付ける列の候補は2列（b）あるいは4列（c）となる．ここでは2列に B を割り付ける．この時点で交互作用 $A \times B$ は3列（ab）に定まる．したがって3列には他の要因を割り付けることはできない．C を残った4列に割り付ける．この時点で交互作用 $A \times C$ は5列（ac）に定まる（表5-5-3）．

5.5 直交配列表による実験の割り付け

表 5-5-3 割り付けの途中経過

列番	1	2	3	4	5	6	7
割り付け要因	A	B	$A \times B$	C	$A \times C$		
成分記号	a	a b	a b	a c	a c	b c	a b c

② 交互作用を考慮しなくてもよい因子 D, F を割り付ける．成分記号が 1 文字の列がない場合には，成分記号の文字数が奇数の列に割り付けると因子どうしの交絡を防ぐことができ，便利である．

D を 7 列 (abc) に割り付ける．次に F を 6 列 (bc) に割り付ける．

手順 3 主効果と求めたい交互作用とが交絡していないことを確認する．

検出したい交互作用が $A \times B$, $A \times C$ であり，それぞれ 3 列と 5 列に割り付けられており，主効果とは交絡していない (**表 5-5-4**)．

表 5-5-4 割り付け表

列番	1	2	3	4	5	6	7
割り付け要因	A	B	$A \times B$	C	$A \times C$	F	D
成分記号	a	a b	a b	a c	a c	b c	a b c

この例では 2 水準の 5 因子を取り上げているので五元配置実験で行うとすると必要な実験回数は $2^5 = 32$ 回となる．これを 8 回で済まして

るので全体の 8/32 = 1/4 しか実施していない．このようにすべての組合せではなく一部分の組合せしか実施しない計画を一部実施法と呼ぶ．一部実施法が可能な理由は次による．この例で仮に交互作用 $B×C$ が存在したとすると，この効果はかけ算のルールから

$b × c = bc$

となり 6 列に現れる．したがって，すでに 6 列に割り付けられている F の主効果と交絡してしまい，両者の効果を分離することができない．直交配列表では交互作用 $B×C$ の効果が小さいかあるいはないことを前提としてこの列に他の要因 F を割り付けている．このような計画を交絡法と呼ぶ．直交配列表は一部実施法と交絡法を応用している道具である．いずれにしても交互作用がないかあるいはその効果が小さいことを前提としているので，交互作用の事前の吟味が重要である．F の主効果と交互作用 $B×C$ が交絡する 6 列の平方和は 2 つの効果が交絡して現れるので大きな値になる場合もあるが，2 つの効果が相殺しあい小さな値になってしまう場合もある．

5.5.2 線点図による方法

取り上げる因子の数が少ないかあるいは検出したい交互作用の数が少ない場合には成分記号を使った割り付けも可能であるが，取り上げる因子や検出したい交互作用の数が多い場合には，線点図を用いた割り付けが簡単である．ただし，線点図ではうまく割り付けられない計画もあるので，そのときには成分記号を使った割り付けを試みる．

線点図には次のルールがある．
① 点（・）と線（－）は，ともにそれぞれ 1 つの列を表す．
② 点と点とを結ぶ線は，その 2 つの点の列の交互作用列を表す．
③ 点あるいは線に書かれる数値は列番を表す（図 5-5-1）．

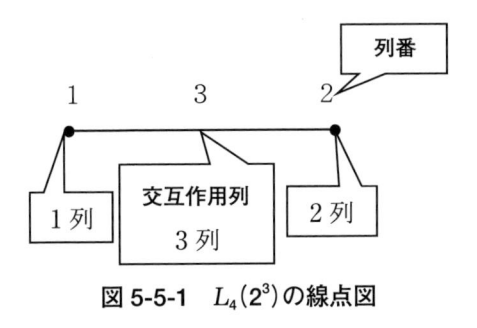

5.5 直交配列表による実験の割り付け

図 5-5-1　$L_4(2^3)$ の線点図

各直交配列表に対して数種の線点図が用意されているので，その中から割り付けに便利なものを選んで使用する（図 5-5-2，図 5-5-3）[1]．

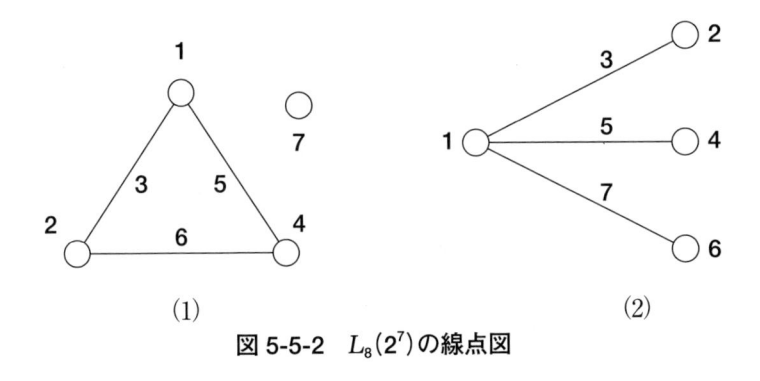

図 5-5-2　$L_8(2^7)$ の線点図

---

[1] 線点図は田口玄一氏考案のもので，ここでは代表的な線点図を紹介している．他については田口玄一『直交表と線点図』(丸善，1962)あるいは田口玄一，小西省三『直交表による実験のわりつけ方』(日科技連出版社，1959)を参照されたい．

第 5 章 2 水準の直交配列表実験の計画と解析

(1)

(2)

(3)

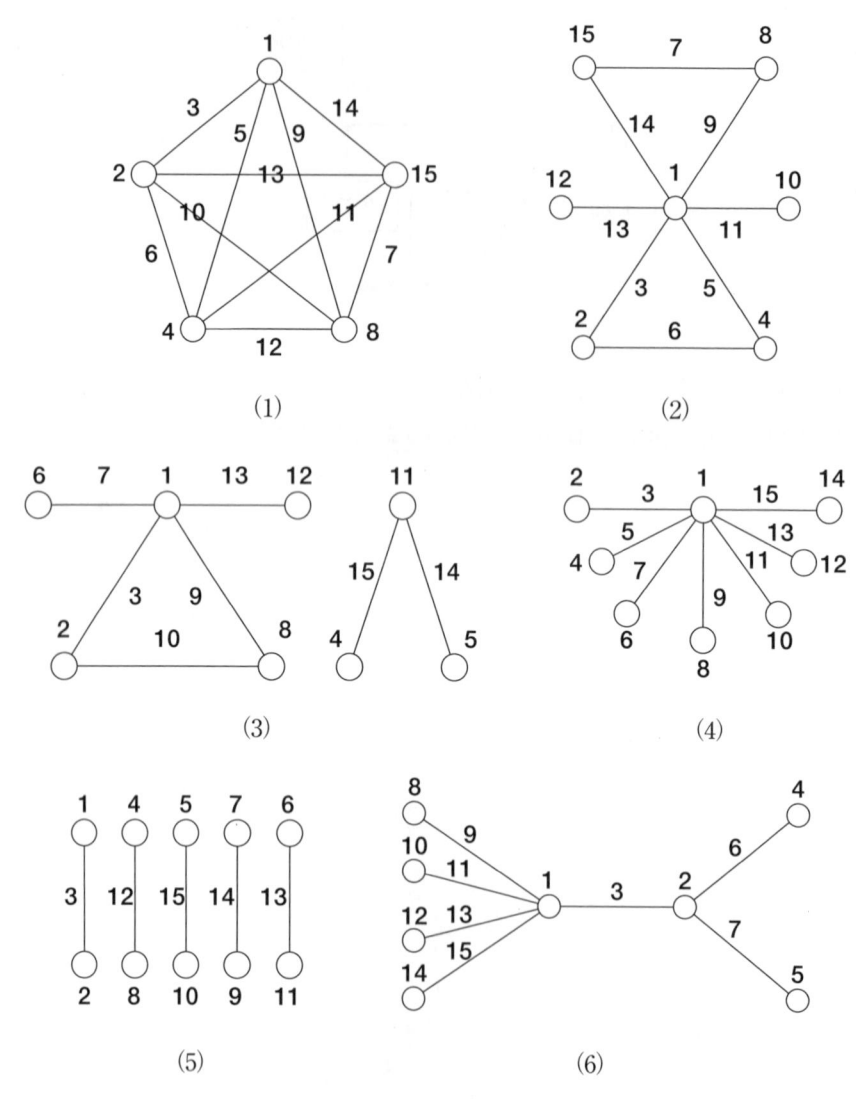

(4)

(5)

(6)

図 5-5-3 $L_{16}(2^{15})$ の線点図

例を用いて線点図による割り付け方を説明する．

5.5 直交配列表による実験の割り付け

例 5-5

すべて2水準の因子 A, B, C, D, F の主効果と交互作用 $A \times B$, $A \times C$ を求めたい．直交配列表への割り付けを行え．

手順1 直交配列表を選択する．

求めたい要因の自由度の総和を計算し，使う直交配列表の大きさを決める（表 5-5-5）．

表 5-5-5　必要な自由度

要因	A	B	C	D	F	$A \times B$	$A \times C$	計
自由度	1	1	1	1	1	1	1	7

$L_4(2^3)$ は自由度が3と列が足りないので割り付けられない，次のサイズの $L_8(2^7)$ は自由度が7なので割り付けられそうである．$\phi_e = 7-7 = 0$ なので誤差列はない．

手順2 求めたい要因を線点図で表す．これを必要な線点図（要求される線点図）を書くという．

うまく割り付けるためには次の点に注意するとよい．

① 用意されている線点図（既成の線点図とも呼ぶ）を参考にして，なるべく似た形に書く．
② 交互作用を求める必要がある因子から書いていく．
③ 用意されている線点図に対して列を外して点としてもよく，あるいは列と列との交互作用列を考えてもよい．

図 5-5-2 の(1)の線点図を参考とする（図 5-5-4）．

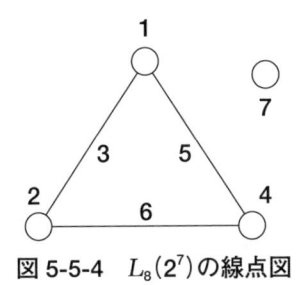

図 5-5-4　$L_8(2^7)$ の線点図

第5章 2水準の直交配列表実験の計画と解析

交互作用 $A \times B$ が必要な因子 A と B とを書く（図 5-5-5）．

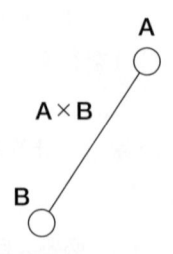

図 5-5-5　因子 A と B の記述

次に交互作用 $A \times C$ が必要な因子 C を書く（図 5-5-6）．

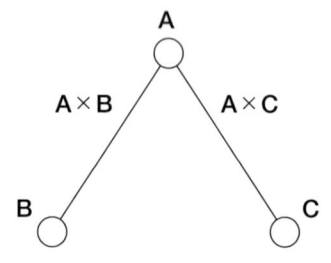

図 5-5-6　因子 C の記述

交互作用を必要としない D と F とを書く（図 5-5-7）．

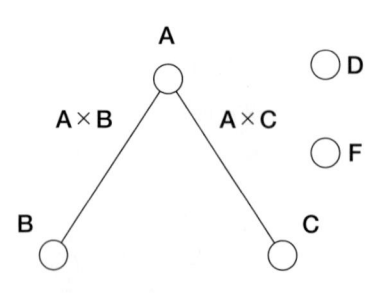

図 5-5-7　因子 D と F の記述

手順3　用意されている線点図の列番を当てはめる．
　　　線点図(1)を使って列を割り付ける（図 5-5-8）．

5.5　直交配列表による実験の割り付け

図 5-5-8　列番の当てはめ

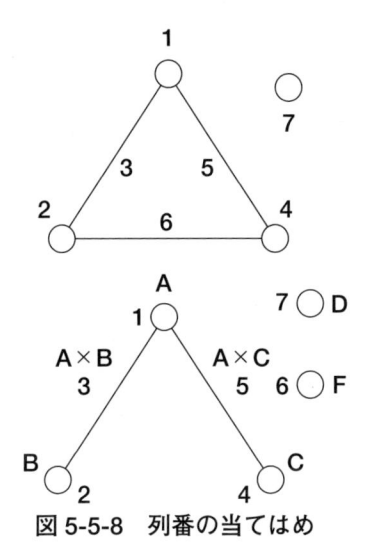

因子 F は 6 列をはずして割り付ける．

手順 4　割り付け表を作成して割り付けの確認を行う．

割り付けの確認としては

　① 求めたい因子が割り付けられていること

　② 主効果と求めたい交互作用とが交絡していないこと

とを確認する．

今回の例では検出したい交互作用 $A\times B$，$A\times C$ がそれぞれ 3 列と 5 列に割り付けられており，主効果とは交絡していない（**表 5-5-6**）．

表 5-5-6　割り付け表

列番	1	2	3	4	5	6	7
割り付け要因	A	B	$A \times B$	C	$A \times C$	F	D
成分記号	a	a b	a b	c	a c	b c	a b c

第 5 章　2 水準の直交配列表実験の計画と解析

例 5-6

すべて 2 水準の因子 A, B, C, D, F, G, H, I の主効果と交互作用 $A \times B$, $A \times C$, $A \times D$, $B \times C$, $F \times G$ を求めたい．直交配列表への割り付けを行う．

手順 1　直交配列表を選択する．

　　求めたい要因の自由度の総和を計算し，使う直交配列表の大きさを決める（表 5-5-7）．

表 5-5-7　必要な自由度

要因	A	B	C	D	F	G	H	I	$A \times B$	$A \times C$	$A \times D$	$B \times C$	$F \times G$	計
自由度	1	1	1	1	1	1	1	1	1	1	1	1	1	13

$L_4(2^3)$ は自由度が 3，$L_8(2^7)$ は自由度が 7 なので列が足りないために割り付けられない．次のサイズの $L_{16}(2^{15})$ は自由度が 15 なので割り付けられそうである．

誤差列は $\phi_e = 15 - 13 = 2$ なので 2 つの列になる．

手順 2　必要な線点図を書く．

図 5-5-3 の (2) を使う（図 5-5-9）．

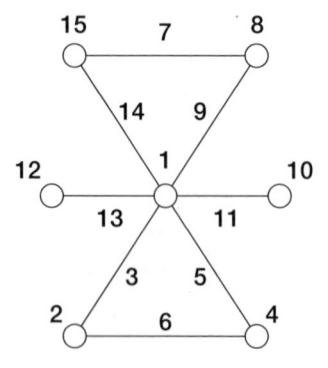

図 5-5-9　$L_{16}(2^{15})$ の線点図

交互作用 $A \times B$, $A \times C$, $A \times D$, $B \times C$ を求めたい A, B, C, D を書く（図 5-5-10）．

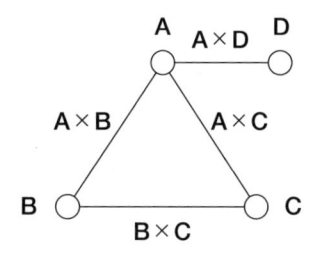

5.5 直交配列表による実験の割り付け

図 5-5-10 因子 A, B, C, D の記述

交互作用 $F \times G$ を求めたい F, G を書く（図 5-5-11）.

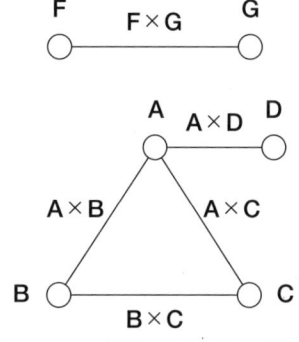

図 5-5-11 因子 F と G の記述

交互作用を求める必要がない H, I を書く（図 5-5-12）.

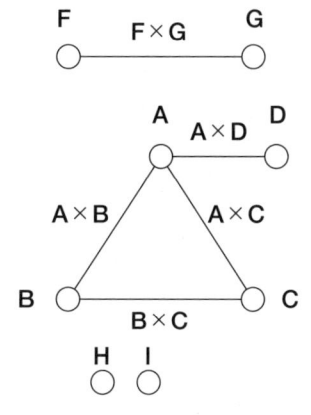

図 5-5-12 因子 H と I の記述

第5章 2水準の直交配列表実験の計画と解析

手順3 用意されている線点図の列番を当てはめる（図 5-5-13）．

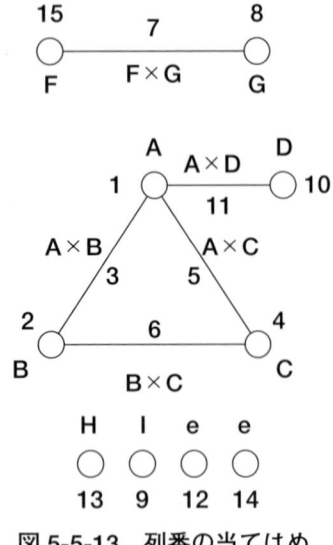

```
      15      7      8
      ○─────────────○
      F     F×G     G


              A    A×D   D
              ○──────────○
             1    11     10
         A×B    A×C
           3    5
        2         4
        ○────6────○
        B   B×C   C

        H    I    e    e
        ○    ○    ○    ○
       13    9   12   14
```

図 5-5-13 列番の当てはめ

手順4 割り付けの確認を行う．

　求めたい因子が割り付けられていることと主効果と求めたい交互作用とが交絡していないことを確認する．検出したい交互作用が $A\times B$, $A\times C$, $A\times D$, $B\times C$, $F\times G$ であり，それぞれ3列，5列，11列，6列，7列に割り付けられており，主効果とは交絡していない（表 5-5-8）．

表 5-5-8　割り付け表

列番	1	2	3	4	5	6	7	8	9	10	11	12	13	14	15
割り付け要因	A	B	$A\times B$	C	$A\times C$	$B\times C$	$F\times G$	G	I	D	$A\times D$	e	H	e	F
成分記号	a	b	a b	c	a c	b c	a b c	d	a d	b d	a b d	c d	a c d	b c d	a b c d

5.5.3 実験指示書の書き方

　実験を実施するときに割り付け表を用いて実験を行うと，実験順序あるいは実験条件等を間違えてしまう可能性が非常に大きい．したがって，実験を実施するには実験指示書を用意する必要がある．実験指示書には具体的な実験条件と実験順序を書いておく必要がある．
　実験指示書の作成方法を例を用いて説明する．

例 5-7

　T 社の反応工程では薬品 Z を製造している．収率を増大させる条件を探すために以下の因子と水準を取り上げて実験を行いたい (表 5-5-9)．

表 5-5-9　因子と水準

因　子	水準 1	水準 2
A (反応温度)	200℃	250℃
B (反応時間)	2 時間	4 時間
C (原料種類)	C_1	C_2
D (触媒種類)	D_1	D_2

　技術的に検出したい交互作用は $A \times B$，$A \times C$ であり，表 5-5-10 のように $L_8(2^7)$ 直交配列表に割り付けた．

表 5-5-10　割り付け結果

列　番	1	2	4	7
因　子	A	B	C	D

　この計画に対する実験指示書を作成する．

　手順 1　割り付け表を作成する．
　　因子が割り付けられている列だけを書き出す．実験順序を決めるための一様乱数を書き込む欄と実験順序を書き込む欄とを用意する．

第5章　2水準の直交配列表実験の計画と解析

一様乱数の欄に乱数サイで出た目を書き込む．得られた一様乱数の値の大きい順あるいは小さい順に実験順序を指定する．例えば小さい順とする（表 5-5-11）．

表 5-5-11　割り付け表

列番 行No.	1	2	4	7	一様乱数	実験順序
1	1	1	1	1	8	7
2	1	1	2	2	2	3
3	1	2	1	2	6	6
4	1	2	2	1	9	8
5	2	1	1	2	4	4
6	2	1	2	1	1	2
7	2	2	1	1	0	1
8	2	2	2	2	5	5
因　子	A	B	C	D		

手順2　実験指示書を作成する．

実験指示書は因子記号を具体的な因子名で表す．割り付け表の係数を具体的な水準（条件）に書き換える．さらに実験順序順に行を並べ替え，データ記入欄を加える．

実験実施後のデータ解析で必要となるので直交配列表の行Noを記入しておく．また，データ記入欄以外に備考欄を用意しておき実験中の環境変化などを記録しておくとよい．表 5-5-12 では一枚綴りの指示書となっているが，1条件ごとに短冊にしておいたほうが実験順序を守りやすい．

表 5-5-12 実験指示書

実験順序	反応温度	反応時間	原料種類	触媒種類	データ	行No.
1	250℃	4 時間	C_1	D_1		7
2	250℃	2 時間	C_2	D_1		6
3	200℃	2 時間	C_2	D_2		2
4	250℃	2 時間	C_1	D_2		5
5	250℃	4 時間	C_2	D_2		8
6	200℃	4 時間	C_1	D_2		3
7	200℃	2 時間	C_1	D_1		1
8	200℃	4 時間	C_2	D_1		4

実験が終了したならば，データを直交配列表の対応する行Noのデータ欄に書き込み解析する．

5.6 多水準法

5.6.1 多水準因子の割り付け

2水準の直交配列表に 2^k 水準の因子を割り付けることを考える．例えば因子 A は $k=2$ で $2^2=4$ 水準 (A_1, A_2, A_3, A_4) であるとする．直交配列表における1つの列の自由度は $2-1=1$ であり，2^k 水準の因子の自由度は 2^k-1 であるから，2^k 水準の因子を割り付けるためには，$(2^k-1)/(2-1)$ 列が必要である．

$2^2=4$ 水準の因子を割り付けるには $2^2-1=3$ つの列が必要である．この3つの列の選び方は，任意の2つの列とその交互作用列を使う．線点図で表すと図5-6-1のような関係にある3列となる．このような割り付け方を多水準法と呼ぶ．

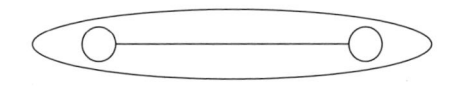

図 5-6-1　4 水準の因子の表現

第 5 章　2 水準の直交配列表実験の計画と解析

4 水準 (A_1, A_2, A_3, A_4) の設定は指定した 2 つの列の係数について
$$(1, 1) \rightarrow A_1 \quad (1, 2) \rightarrow A_2 \quad (2, 1) \rightarrow A_3 \quad (2, 2) \rightarrow A_4$$
とする.

4 水準の因子の割り付け方を例を使って説明する.

例 5-8

4 水準の因子 A といずれも 2 水準の因子 B, C, D, F を直交配列表に割り付ける. 交互作用は考慮しなくてもよい.

手順 1　直交配列表を選択する.

求めたい要因の自由度の総和を計算し, 使う直交配列表の大きさを決める (表 5-6-1).

表 5-6-1　必要な自由度

要因	A	B	C	D	F	計
自由度	3	1	1	1	1	7

$L_4(2^3)$ は自由度が 3 なので列が足りず割り付けられない. 次のサイズの $L_8(2^7)$ は自由度が 7 なので割り付けられそうである. $\phi_e = 7 - 7 = 0$ なので誤差列はない.

手順 2　必要な線点図を書く.

因子 A は 4 水準の因子なので自由度は 3 となり, 任意の 2 つの列とその交互作用列に割り付けるので線点図は以下のようになる (図 5-6-2).

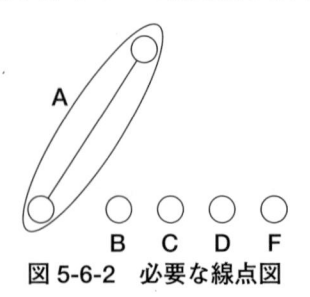

図 5-6-2　必要な線点図

5.6 多水準法

手順3 用意されている線点図から適当なものを選び割り付ける．

図 5-6-3 の (1) を使って割り付ける．因子 A は 1,2,3 列に割り付ける．他の因子はそれぞれ空いている点および列を使って割り付ける．

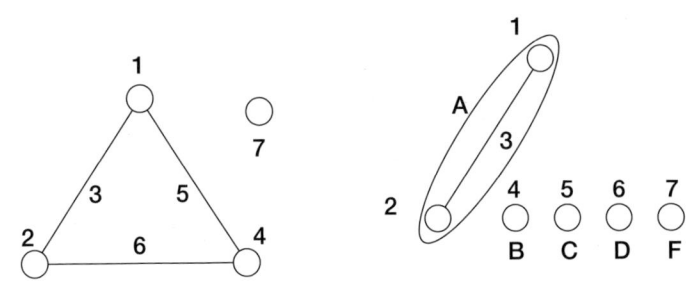

図 5-6-3 列番の当てはめ

手順4 直交配列表への割り付けを行う．

4 水準の因子 A の水準は表 5-6-2 のように決め，割り付ける（表 5-6-3）．

表 5-6-2 水準の作成

番号	1列の係数	2列の係数	因子 A の水準
1	1	1	A_1
2	1	2	A_2
3	2	1	A_3
4	2	2	A_4

表 5-6-3 割り付け表

列番 行No.	1〜3	4	5	6	7
1	1	1	1	1	1
2	1	2	2	2	2
3	2	1	1	2	2
4	2	2	2	1	1
5	3	1	2	1	2
6	3	2	1	2	1
7	4	1	2	2	1
8	4	2	1	1	2
因子	A	B	C	D	F

第5章 2水準の直交配列表実験の計画と解析

4水準の因子の平方和は割り付けた3つの列の平方和の和で求まる．例えば今回の例では，式(5.6.1)で求まる．

$$S_A = S_{(1)} + S_{(2)} + S_{(3)} \tag{5.6.1}$$

5.6.2 解析

例を用いて4水準の因子を含んだ解析を説明する．

例 5-9

ある部品の洗浄工程での条件設定を行いたい．取り上げた因子と水準は表5-6-4のようである．

表 5-6-4　因子と水準

因　子	水　準
A（洗浄液の種類）	A_1　A_2
B（洗浄温度(℃)）	60　65　70　75
C（洗浄時間(秒)）	120　180
D（洗浄液濃度(%)）	10　20
F（ブロー時間(秒)）	60　90
G（ブロー圧(MPa)）	0.5　0.7

検出したい交互作用は $A \times B$，$A \times D$ である．特性値は洗浄後の残留異物重量であり値が小さいほうがよい．割り付けと実験結果を表5-6-5に示す．なお，16回の実験はランダムな順で実施した．

5.6 多水準法

表 5-6-5 割り付けと実験結果

列番 行No.	1 A	2, 4, 6 B	8 C	10 F	12 G	14 D	データ (mg)
1	1	1	1	1	1	1	18.1
2	1	1	2	2	2	2	17.4
3	1	2	1	1	2	2	17.2
4	1	2	2	2	1	1	18.9
5	1	3	1	2	1	2	16.3
6	1	3	2	1	2	1	19.0
7	1	4	1	2	2	1	18.3
8	1	4	2	1	1	2	15.5
9	2	1	1	2	1	1	14.2
10	2	1	2	1	2	2	17.2
11	2	2	1	2	2	2	12.2
12	2	2	2	1	1	1	11.0
13	2	3	1	1	1	2	12.7
14	2	3	2	2	2	1	10.8
15	2	4	1	1	2	1	13.4
16	2	4	2	2	1	2	16.8

交互作用列と誤差列の列番を求める．線点図で記述してみる(図 5-6-4)．

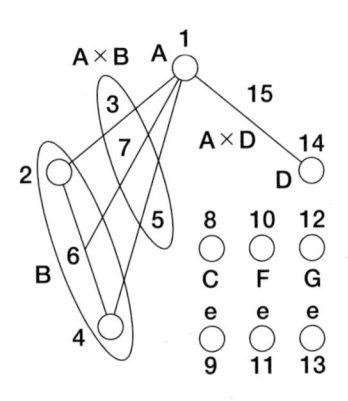

図 5-6-4 列の確認

第5章 2水準の直交配列表実験の計画と解析

交互作用 $A \times B$ は 3, 5, 7 列に交互作用 $A \times D$ は 15 列に現れる．誤差列は 9, 11, 13 列となる（表 5-6-6）．

表 5-6-6　計算補助表

列番	1	2	3	4	5	6	7
要因	A	B	$A \times B$	B	$A \times B$	B	$A \times B$
計							
1	140.7	126.2	125.3	125.7	124.2	130.9	116.0
2	108.3	122.8	123.7	123.3	124.8	118.1	133.0
平均							
1	17.59	15.78	15.66	15.71	15.53	16.36	14.50
2	13.54	15.35	15.46	15.41	15.60	14.76	16.63
効果							
1	2.025	0.213	0.100	0.150	-0.037	0.800	-1.063
2	-2.025	-0.212	-0.100	-0.150	0.038	-0.800	1.063
平方和	65.610	0.723	0.160	0.360	0.022	10.240	18.063

列番	8	9	10	11	12	13	14	15
要因	C	e	F	e	G	e	D	$A \times D$
計								
1	122.4	125.7	123.8	124.1	123.5	122.4	123.7	133.2
2	126.6	123.3	125.2	124.9	125.5	126.6	125.3	115.8
平均								
1	15.30	15.71	15.48	15.51	15.44	15.30	15.46	16.65
2	15.83	15.41	15.65	15.61	15.69	15.83	15.66	14.48
効果								
1	-0.262	0.150	-0.087	-0.050	-0.125	-0.262	-0.100	1.088
2	0.263	-0.150	0.088	0.050	0.125	0.263	0.100	-1.088
平方和	1.102	0.360	0.123	0.040	0.250	1.102	0.160	18.293

表 5-6-6 の補助表から分散分析表を作成する（表 5-6-7）．

表 5-6-7　分散分析表

要因	平方和	自由度	分散	分散比	限界値
A	65.610	1	65.610	131.00	10.1
B	11.323	3	3.774	7.54	9.28
C	1.102	1	1.102	2.20	10.1
D	0.160	1	0.160	0.32	10.1
F	0.123	1	0.123	0.24	10.1
G	0.250	1	0.250	0.50	10.1
$A \times B$	18.245	3	6.082	12.14	9.28
$A \times D$	18.923	1	18.923	37.78	10.1
e	1.502	3	0.501		
計	117.2375	15			

多水準の因子 B の平方和とその交互作用の平方和は式(5.6.2)，式(5.6.3)のように割り付けた列の平方和の和で求まる．

$$S_B = S_{(2)} + S_{(4)} + S_{(6)} \tag{5.6.2}$$

$$S_{A \times B} = S_{(3)} + S_{(5)} + S_{(7)} \tag{5.6.3}$$

分散比の小さな F と G を誤差にプールする．D は $A \times D$ が大きいのでプールしない（表 5-6-8）．

表 5-6-8　分散分析表（プーリング後）

要因	平方和	自由度	分散	分散比	限界値
A	65.610	1	65.610	174.96	6.61
B	11.323	3	3.774	10.06	5.41
C	1.102	1	1.102	2.94	6.61
D	0.160	1	0.160	0.43	6.61
$A \times B$	18.245	3	6.082	16.22	5.41
$A \times D$	18.923	1	18.923	50.46	6.61
e	1.8750	5	0.375		
計	117.2375	15			e

第5章　2水準の直交配列表実験の計画と解析

分散分析の結果，A，Bと交互作用$A \times B$，$A \times D$が有意となった．データの構造式は式(5.6.4)となる．

$$y_{ijk} = \mu + a_i + b_j + d_k + (ab)_{ij} + (ad)_{ik} + \varepsilon_{ijk} \tag{5.6.4}$$

① 母平均の推定

A，Bは交互作用$A \times B$が有意なので式(5.6.5)のように組み合わせて推定する．

$$\hat{\mu}(A_i B_j) = \hat{\mu} + \hat{a}_i + \hat{b}_j + \widehat{ab}_{ij} \tag{5.6.5}$$

因子Bが4水準なので直交配列表に割り付けたとおりに効果を加える．交互作用も考慮する必要があるので効果の並びは$L_8(2^7)$の係数と同じ並びとなる．表5-6-9での効果の記号の隣の数字は列番を表す．

表 5-6-9　点推定

	$\hat{\mu}$	$\hat{a}_i(1)$	$\hat{b}_j(2)$	$\widehat{ab}_{ij}(3)$	$\hat{b}_j(4)$	$\widehat{ab}_{ij}(5)$	$\hat{b}_j(6)$	$\widehat{ab}_{ij}(7)$	点推定値
A_1B_1	15.563	2.025	0.213	0.100	0.150	-0.038	0.800	-1.063	17.75
A_1B_2	15.563	2.025	0.213	0.100	-0.150	0.038	-0.800	1.063	18.05
A_1B_3	15.563	2.025	-0.213	-0.100	0.150	-0.038	-0.800	1.063	17.65
A_1B_4	15.563	2.025	-0.213	-0.100	-0.150	0.038	0.800	-1.063	16.90
A_2B_1	15.563	-2.025	0.213	-0.100	0.150	0.038	0.800	1.063	15.70
A_2B_2	15.563	-2.025	0.213	-0.100	-0.150	-0.038	-0.800	-1.063	11.60
A_2B_3	15.563	-2.025	-0.213	0.100	0.150	0.038	-0.800	-1.063	11.75
A_2B_4	15.563	-2.025	-0.213	0.100	-0.150	-0.038	0.800	1.063	15.10

信頼率95%の信頼区間の幅は

$$\pm t(\phi_e, \alpha)\sqrt{\frac{V_e}{n_e}} = \pm t(5, 0.05)\sqrt{\frac{0.3750}{2}}$$

$$= \pm 2.571 \times 0.4330 = \pm 1.113$$

となる．ここで有効繰り返し数は

$$n_e = \frac{N}{\phi_A + \phi_B + \phi_{A \times B} + 1} = \frac{16}{1 + 3 + 3 + 1} = 2$$

となる.
　水準間の $l.s.d$ は

$$t(\phi_e, \alpha)\sqrt{\frac{2V_e}{n_e}} = t(5, 0.05)\sqrt{\frac{2\times 0.3750}{2}}$$

$$= 2.571 \times 0.6124 = 1.574$$

となる.
　A, D は交互作用 $A \times D$ が有意なので組み合わせて式 (5.6.6) のように推定する.

$$\hat{\mu}(A_iD_k) = \hat{\mu} + \hat{a}_i + \hat{d}_k + \widehat{ad}_{ik} \tag{5.6.6}$$

総平均に各主効果と交互作用効果を加える.効果の並びは $L_4(2^3)$ の係数と同じ並びとなる(表 5-6-10).

表 5-6-10　点推定

	$\hat{\mu}$	$\hat{a}_i(1)$	$\hat{d}_k(14)$	$\widehat{ab}_{ik}(15)$	点推定値
A_1D_1	15.563	2.025	-0.100	1.088	19.36
A_1D_2	15.563	2.025	0.100	-1.088	17.39
A_2D_1	15.563	-2.025	-0.100	-1.088	13.14
A_2D_2	15.563	-2.025	0.100	1.088	13.34

　信頼率 95% の信頼区間の幅は

$$\pm t(\phi_e, \alpha)\sqrt{\frac{V_e}{n_e}} = \pm t(5, 0.05)\sqrt{\frac{0.3750}{4}}$$

$$= \pm 2.571 \times 0.3062 = \pm 0.787$$

となる.ここで有効繰り返し数は

$$n_e = \frac{N}{\phi_A + \phi_D + \phi_{A\times D} + 1} = \frac{16}{1+1+1+1} = 4$$

となる.
　水準間の $l.s.d$ は

$$t(\phi_e, \alpha)\sqrt{\frac{2V_e}{n_e}} = t(5, 0.05)\sqrt{\frac{2\times 0.3750}{4}}$$

第 5 章　2 水準の直交配列表実験の計画と解析

$$= 2.571 \times 0.4330 = 1.113$$

となる．

② 最適条件での推定

　データの構造が，式(5.6.7)のように A が重複している場合には，因子 A, B での最適条件と A, D での最適条件を組み合わせた条件が全体の最適になるとは限らない．

$$y = \mu + a_i + b_j + d_k + (ab)_{ij} + (ab)_{ik} + \varepsilon_{ijk} \tag{5.6.7}$$

このような場合には因子 A, B, D のすべての組合せについて式(5.6.8)のように推定し，そのなかから最適条件を探す必要がある（表 **5-6-11**）．

$$\hat{\mu}(A_i B_j D_k) = \hat{\mu} + \hat{a}_i + \hat{b}_j + \hat{d}_k + \widehat{ab}_{ij} + \widehat{ad}_{ik} \tag{5.6.8}$$

表 5-6-11　点推定

	$\hat{\mu}$	$\hat{a}_i(1)$	$\hat{b}_j(2)$	$\widehat{ab}_{ij}(3)$	$\hat{b}_j(4)$	$\widehat{ab}_{ij}(5)$	$\hat{b}_j(6)$	$\widehat{ab}_{ij}(7)$	$\hat{d}_k(14)$	$\widehat{ad}_{ik}(15)$	点推定値
$A_1B_1D_1$	15.563	2.025	0.213	0.100	0.150	-0.038	0.800	-1.063	-0.100	1.088	18.74
$A_1B_1D_2$	15.563	2.025	0.213	0.100	0.150	-0.038	0.800	-1.063	0.100	-1.088	16.76
$A_1B_2D_1$	15.563	2.025	0.213	0.100	-0.150	0.038	-0.800	1.063	-0.100	1.088	19.04
$A_1B_2D_2$	15.563	2.025	0.213	0.100	-0.150	0.038	-0.800	1.063	0.100	-1.088	17.06
$A_1B_3D_1$	15.563	2.025	-0.213	-0.100	0.150	-0.038	-0.800	1.063	-0.100	1.088	18.64
$A_1B_3D_2$	15.563	2.025	-0.213	-0.100	0.150	-0.038	-0.800	1.063	0.100	-1.088	16.66
$A_1B_4D_1$	15.563	2.025	-0.213	-0.100	-0.150	0.038	0.800	-1.063	-0.100	1.088	17.89
$A_1B_4D_2$	15.563	2.025	-0.213	-0.100	-0.150	0.038	0.800	-1.063	0.100	-1.088	15.91
$A_2B_1D_1$	15.563	-2.025	0.213	-0.100	0.150	0.038	0.800	1.063	-0.100	-1.088	14.51
$A_2B_1D_2$	15.563	-2.025	0.213	-0.100	0.150	0.038	0.800	1.063	0.100	1.088	16.89
$A_2B_2D_1$	15.563	-2.025	0.213	-0.100	-0.150	-0.038	-0.800	-1.063	-0.100	-1.088	10.41
$A_2B_2D_2$	15.563	-2.025	0.213	-0.100	-0.150	-0.038	-0.800	-1.063	0.100	1.088	12.79
$A_2B_3D_1$	15.563	-2.025	-0.213	0.100	0.150	0.038	-0.800	-1.063	-0.100	-1.088	10.56
$A_2B_3D_2$	15.563	-2.025	-0.213	0.100	0.150	0.038	-0.800	-1.063	0.100	1.088	12.94
$A_2B_4D_1$	15.563	-2.025	-0.213	0.100	-0.150	-0.038	0.800	1.063	-0.100	-1.088	13.91
$A_2B_4D_2$	15.563	-2.025	-0.213	0.100	-0.150	-0.038	0.800	1.063	0.100	1.088	16.29

5.6 多水準法

信頼率95%の信頼区間の幅は

$$\pm t(\phi_e, \alpha)\sqrt{\frac{V_e}{n_e}} = \pm t(5, 0.05)\sqrt{\frac{5 \times 0.3750}{8}}$$

$$= \pm 2.571 \times 0.4841 = \pm 1.245$$

となる．ここで有効繰り返し数は

$$n_e = \frac{N}{\phi_A + \phi_B + \phi_D + \phi_{A \times B} + \phi_{A \times D} + 1} = \frac{16}{1+3+1+3+1+1} = \frac{5}{8}$$

である．

5.6.3 Excelでの解法

例 5-9 をExcelを使って解析する．

① 分散分析表を作成する（図5-6-5）．

	S	T	U	V	W	X
19	要因	平方和	自由度	分散	分散比	限界値
20	A	65.610	1	65.610	535.59	6.61
21	B	11.323	3	3.774	174.90	15.41
22	C	1.102	1	1.102	9.00	6.61
23	D	0.160	1	0.160	1.31	6.61
24	F	0.123	1	0.123	1.00	6.61
25	G	0.250	1	0.250	2.04	6.61
26	A×B	18.245	3	6.082	16.22	5.41
27	A×D	18.923	1	18.923	154.47	6.61
28	e	1.875	5	0.375		

	S	T	U
21	B	=SUMIF(T2:AH2,S21,T13:AH13)	=SUMIF(T2:AH2,S21,T15:AH15)
26	A×B	=SUMIF(T2:AH2,S26,T13:AH13)	=SUMIF(T2:AH2,S26,T15:AH15)

図 5-6-5　分散分析表の作成

第 5 章　2 水準の直交配列表実験の計画と解析

② 因子 A, B は交互作用 $A \times B$ が有意なので組み合わせでの母平均を推定する（図 5-6-6）．

	AJ	AK	AL	AM
2	AB	点推定	下側信頼限界	上側信頼限界
3	11	17.75	16.64	18.86
4	12	18.05	16.94	19.16
5	13	17.65	16.54	18.76
6	14	16.90	15.79	18.01
7	21	15.70	14.59	16.81
8	22	11.60	10.49	12.71
9	23	11.75	10.64	12.86
10	24	15.10	13.99	16.21
11	幅		1.11	
12	l.s.d		1.57	

	AJ	AK	AL	AM
2	AB	点推定	下側信頼限界	上側信頼限界
8	22	=Q18+U10+T11+W11+Y11+V11+X10+Z10	=AK8-$AK$11	=AK8+$AK$11
11	幅	=TINV(0.05, AI19)＊SQRT(AI20/(A1/COUNT(AK3:AK10)))		
12	l.s.d	=TINV(0.05, AI19)＊SQRT(2＊AI20/(A1/COUNT(AK3:AK10)))		

図 5-6-6　因子 A, B の推定

③ 因子 A, D は交互作用 $A \times D$ が有意なので組み合わせでの母平均を推定する（図 5-6-7）．

	AJ	AK	AL	AM
14	AD	点推定	下側信頼限界	上側信頼限界
15	11	18.58	17.79	19.36
16	12	16.60	15.81	17.39
17	21	12.35	11.56	13.14
18	22	12.55	11.76	13.34
19	幅		0.79	
20	l.s.d		0.96	

	AJ	AK	AL	AM
17	21	=Q18+T11+AG10+AH11	=AK17-$AK$19	=AK17+$AK$19
19	幅	=TINV(0.05, AI19)＊SQRT(AI20/(A1/COUNT(AJ15:AJ18)))		
20	l.s.d	=TINV(0.05, AI19)＊SQRT(2＊AI20/(A1/COUNT(AJ16:AJ19)))		

図 5-6-7　因子 A, D の推定

④ 最適条件での母平均を推定する(図5-6-8).

	AO	AP	AQ	AR
2	ABD	点推定	下側信頼限界	上側信頼限界
13	221	10.41	9.17	11.66
19	幅		1.24	

	AO	AP	AQ	AR
13	221	=Q18+U10+T11+W11+Y11+V11+X10+Z10+AG10+AH11	=AP13-AP$19	=AP13+$AP$19
19	幅	=TINV(0.05, AI19)*SQRT(5*AI20/8)		

図 5-6-8　最適条件での推定

5.7　擬水準法

2水準の直交配列表に3水準の因子を割り付ける方法を説明する．この方法は，質的な因子で水準数が3であり4水準にできない場合に有用であり，量的な因子であれば水準数を4にするのは容易であるので無用である．この方法は多水準法の変形として考えればよい．

3水準の因子 A を2水準の直交配列表に割り付けることを考える．まず因子 A を4水準として扱い，実際の実験では3水準のうちのどれか1水準を重複して実験する．例えば

- 割り付け　A_1　A_2　A_3　A_4
- 実験　　　A_1　A_2　A_3　A_3

というように，割り付けでの A_3，A_4 は，実際の実験では A_3 で実験する．

この重複させた A_3 を擬水準と呼ぶ．どの水準を重複してもよいが，重複した水準での母平均の推定精度が他の水準よりよくなるので，重要な水準を重複させたほうがよい．このように擬水準を用いて，3水準の因子を2水準の直交配列表にあるいは2水準の因子を3水準の直交配列表に割り付ける方法を擬水準法と呼ぶ．

例を用いて擬水準の割り付けを説明する．

第5章　2水準の直交配列表実験の計画と解析

例 5-10

3水準の因子 A と 2水準の因子 B を直交配列表に割り付ける．交互作用 $A \times B$ も検出したい．

手順1　直交配列表を選択する．

求めたい要因の自由度の総和を計算し，使う直交配列表の大きさを決める（表 5-7-1）．

表 5-7-1　必要な自由度

要因	A	B	$A \times B$	計
自由度	2	1	2	5

$L_8(2^7)$ は自由度が 7 なので割り付けられそうである．誤差自由度は $\phi_e = 7 - 5 = 2$ となる．

手順2　必要な線点図を書く．

因子 A は 3水準の因子であるが，擬水準法を使うので，仮に 4水準の因子と考える．したがって，因子 A の自由度を 3，交互作用 $A \times B$ の自由度も 3 として扱う（図 5-7-1）．

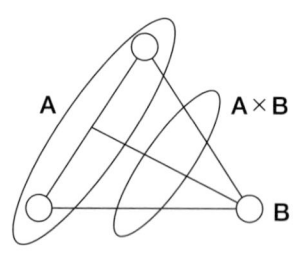

図 5-7-1　必要な線点図

手順3　用意されている線点図から適当なものを選び割り付ける．

因子 A は 1, 2, 3 列に，因子 B は 4 列に，交互作用 $A \times B$ のうちの 2 つは 5, 6 列に 1 つは用意されている線点図の 7 列に割り付ける（図 5-7-2）．

5.7 擬水準法

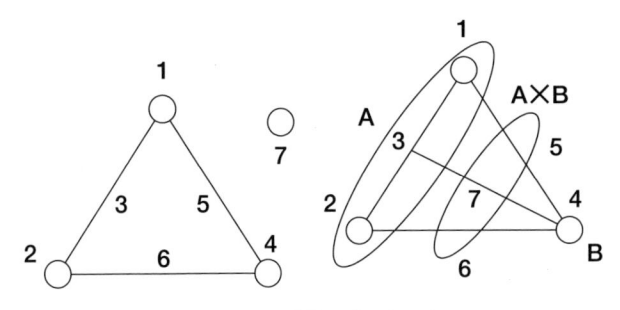

図 5-7-2 列番の当てはめ

手順 4 直交配列表への割り付けを行う．

3 水準の因子 A の水準は A_3 を擬水準として表 5-7-2 のように決め，表 5-7-3 のように割り付ける．

表 5-7-2 水準表

番号	1列の係数	2列の係数	因子 A の水準
1	1	1	A_1
2	1	2	A_2
3	2	1	A_3
4	2	2	A_3

表 5-7-3 割り付け表

行No. \ 列番	1〜3	4
1	1	1
2	1	2
3	2	1
4	2	2
5	3	1
6	3	2
7	3	1
8	3	2
因子	A	B

第5章 2水準の直交配列表実験の計画と解析

この実験でのデータの解析は次のように行う.

因子 A の平方和 S_A は,繰り返し数が不揃いの一元配置の級間平方和と同じように式(5.7.1)で計算する.

$$S_A = \frac{T_1^2}{N/4} + \frac{T_2^2}{N/4} + \frac{T_3^2}{N/2} - \frac{T^2}{N}$$

$\phi_A = 3 - 1 = 2$ \hfill (5.7.1)

因子 A を割り付けた1, 2, 3列の平方和の和と S_A との差から式(5.7.2)のように自由度1の誤差平方和が求まる.

$S_e = S_{(1)} + S_{(2)} + S_{(3)} - S_A$

$\phi_e = 3 - 2 = 1$ \hfill (5.7.2)

交互作用 $A \times B$ の平方和 $S_{A \times B}$ は式(5.7.3)のように求める.

$$S_{AB} = \frac{T_{11}^2}{N/8} + \frac{T_{12}^2}{N/8} + \frac{T_{21}^2}{N/8} + \frac{T_{22}^2}{N/8} + \frac{T_{31}^2}{N/4} + \frac{T_{32}^2}{N/4} - \frac{T^2}{N}$$

$S_{A \times B} = S_{AB} - S_A - S_B$

$\phi_{A \times B} = 2 \times 1 = 2$ \hfill (5.7.3)

交互作用 $A \times B$ を割り付けた5, 6, 7列の平方和の和と $S_{A \times B}$ との差から式(5.7.4)のように自由度1の誤差平方和が求まる.

$S_e = S_{(5)} + S_{(6)} + S_{(7)} - S_{A \times B}$

$\phi_e = 3 - 2 = 1$ \hfill (5.7.4)

したがって,誤差自由度は全体で2となる.

第6章
3水準の直交配列表実験の計画と解析

6.1　3水準の直交配列表

6.1.1　直交配列表の種類
　取り上げる因子が質的因子で比較したい処理が3通りある場合，取り上げる因子が量的因子で実験範囲内では特性が2次的傾向をもつことが予想される場合，あるいは量的因子で特性を良くするためには水準をどちら側に振ったらよいかがわからず，現行条件をもとに水準を両側に設定する場合などに3水準の実験が必要となる．3水準の直交配列表である $L_9(3^4)$ を表 6-1-1 に，$L_{27}(3^{13})$ を表 6-1-2 に示す．

6.1.2　記号の意味
　記号の意味を $L_9(3^4)$ を例にして示す．
① L は Latin square（ラテン方格）の頭文字で直交配列表を示す．欧米の文献では直交は Orthogonal と書くので O と表示する場合もある．
② 9は行の数を表す．$L_9(3^4)$ 直交配列表は9行をもつ．行の数を直交配列表の大きさと呼び N で表す．
③ 3は直交配列表の中に書かれる係数の種類を表す．$L_9(3^4)$ 直交配列表の中に書かれる係数は1と2と3の3種類である．したがって3水準の直交配列表と呼ばれる．
④ 4は列の数を表す．$L_9(3^4)$ 直交配列表では4列をもつ．

第6章 3水準の直交配列表実験の計画と解析

表 6-1-1　$L_9(3^4)$ 直交配列表

列番 行No.	1	2	3	4
1	1	1	1	1
2	1	2	2	2
3	1	3	3	3
4	2	1	2	3
5	2	2	3	1
6	2	3	1	2
7	3	1	3	2
8	3	2	1	3
9	3	3	2	1
成分記号	a		a b	a b^2

表 6-1-2　$L_{27}(3^{13})$ 直交配列表

列番 行No.	1	2	3	4	5	6	7	8	9	10	11	12	13
1	1	1	1	1	1	1	1	1	1	1	1	1	1
2	1	1	1	1	2	2	2	2	2	2	2	2	2
3	1	1	1	1	3	3	3	3	3	3	3	3	3
4	1	2	2	2	1	1	1	2	2	2	3	3	3
5	1	2	2	2	2	2	2	3	3	3	1	1	1
6	1	2	2	2	3	3	3	1	1	1	2	2	2
7	1	3	3	3	1	1	1	3	3	3	2	2	2
8	1	3	3	3	2	2	2	1	1	1	3	3	3
9	1	3	3	3	3	3	3	2	2	2	1	1	1
10	2	1	2	3	1	2	3	1	2	3	1	2	3
11	2	1	2	3	2	3	1	2	3	1	2	3	1
12	2	1	2	3	3	1	2	3	1	2	3	1	2
13	2	2	3	1	1	2	3	2	3	1	3	1	2
14	2	2	3	1	2	3	1	3	1	2	1	2	3
15	2	2	3	1	3	1	2	1	2	3	2	3	1
16	2	3	1	2	1	2	3	3	1	2	2	3	1
17	2	3	1	2	2	3	1	1	2	3	3	1	2
18	2	3	1	2	3	1	2	2	3	1	1	2	3
19	3	1	3	2	1	3	2	1	3	2	1	3	2
20	3	1	3	2	2	1	3	2	1	3	2	1	3
21	3	1	3	2	3	2	1	3	2	1	3	2	1
22	3	2	1	3	1	3	2	2	1	3	3	2	1
23	3	2	1	3	2	1	3	3	2	1	1	3	2
24	3	2	1	3	3	2	1	1	3	2	2	1	3
25	3	3	2	1	1	3	2	3	2	1	2	1	3
26	3	3	2	1	2	1	3	1	3	2	3	2	1
27	3	3	2	1	3	2	1	2	1	3	1	3	2
成分記号	a	a b	a b	a b^2 c	a	a c	a c^2	a b	a b c	a b c^2	a b^2	a b^2 c	a b c^2

6.1.3　直交配列表の性格

直交配列表のもつ性格を $L_9(3^4)$ を例にして説明する（表 6-1-3）．

表 6-1-3　$L_9(3^4)$ 直交配列表

行No. \ 列番	1	2	3	4
1	1	1	1	1
2	1	2	2	2
3	1	3	3	3
4	2	1	2	3
5	2	2	3	1
6	2	3	1	2
7	3	1	3	2
8	3	2	1	3
9	3	3	2	1
成分記号	a	a b	a b	a b^2

① 行：直交配列表の1つの行に1つの実験が対応する．$L_9(3^4)$ の場合は9行あるので9回の実験を実施することを意味する．各実験条件は表中の係数によって決まる．行の番号を行Noと呼ぶ．

② 列：列には要因（主効果・交互作用・誤差）を対応させる．対応させることを割り付けると呼ぶ．列の数と行の数との間には

$$列の数 = \frac{行の数 - 1}{2} \tag{6.1.1}$$

$L_9(3^4)$ の場合

$$4 = \frac{(9-1)}{2}$$

という関係がある．

直交配列表の総自由度が（行の数 − 1）となるのは以下の理由による．

第6章　3水準の直交配列表実験の計画と解析

　直交配列表による実験でのデータ解析にも分散分析法を使い，平方和を求める必要がある．平方和は総平均からの偏差平方和なので総平均を見積もる必要があり，したがって直交表の総自由度は(行の数 − 1)となる．

　3水準の直交配列表での列の数は，1つの列の自由度が2(3(水準) − 1 = 2)なので(行の数 − 1)／2となる．

　列の番号を列番と呼ぶ．

③　係数：直交配列表に書かれる数値であり3水準では1と2と3とがある．係数で割り付けられた因子の水準を示す．

④　成分記号：成分記号(基本表示)は任意の列間の交互作用列を見つけるのに用いられる．

⑤　直交表の各列では，同じ係数が同じ回数だけ現れる．

⑥　任意の2つの列について同じ行にある係数の組合せを作ると，同じ組合せが同じ回数ずつ現れる．

6.2　交互作用列の求め方

　直交配列表をうまく使うには，2つの列に割り付けられた因子間の交互作用がどの列に現れるかを知ることである．交互作用の現れる列番を求めるには「かけ算のルール」「2列間の交互作用の表」「線点図」を利用するとよい．3水準の因子どうしの交互作用の自由度は4となり，直交配列表の1つの列の自由度が2なので，交互作用は2つの列に現れる．

6.2.1　かけ算のルール

　任意の2つの列における交互作用は，その2つの列における成分記号の積と片方を2乗した積の成分記号をもつ2つの列に現れる．ただし，$a^3 = b^3 = c^3 = \cdots = 1$とする．該当する成分記号をもつ列がない場合には全体を2乗する．例えば成分記号がaとbの2つの列の交互作用はabとab^2の成分記号をもつ

2つの列に現れる.

例 6-1

$L_{27}(3^{13})$ 直交配列表（表 6-2-1）について以下の 2 つの列の交互作用はどの列に現れるかをかけ算のルールから求める.

① 1 列と 2 列　　② 1 列と 3 列　　③ 3 列と 6 列
④ 6 列と 12 列　　⑤ 11 列と 13 列

表 6-2-1　$L_{27}(3^{13})$ 直交配列表の成分記号

列番	1	2	3	4	5	6	7	8	9	10	11	12	13
成分記号	a		a	a		a	a			a		a	a
		b	b	b^2				b	b	b^2	b	b^2	b
					c	c	c^2	c	c	c^2	c^2	c	c^2

❶ 1 列 (a) と 2 列 (b)　　$a \times b = ab$　　3 列
　　　　　　　　　　$a \times b^2 = ab^2$　　4 列

❷ 1 列 (a) と 3 列 (ab)　　$a \times ab = a^2b = (a^2b)^2 = a^4b^2 = ab^2$　　4 列
　　　　　　　　　　$a \times (ab)^2 = a^3b^2 = (b^2)^2 = b$　　2 列

❸ 3 列 (ab) と 6 列 (ac)　　$ab \times ac = a^2bc = (a^2bc)^2 = a^4b^2c^2 = ab^2c^2$　　10 列
　　　　　　　　　　$ab \times (ac)^2 = a^3bc^2 = bc^2$　　11 列

❹ 6 列 (ac) と 12 列 (ab^2c)　　$ac \times ab^2c = a^2b^2c^2 = (a^2b^2c^2)^2 = abc$　　9 列
　　　　　　　　　　$ac \times (ab^2c)^2 = a^3b^4c^3 = b$　　2 列

❺ 11 列 (bc^2) と 13 列 (abc^2)　　$bc^2 \times abc^2 = ab^2c^4 = ab^2c$　　12 列
　　　　　　　　　　$bc^2 \times (abc^2)^2 = a^2b^3c^6 = a^2 = (a^2)^2 = a$　　1 列

6.2.2　交互作用の表

2 列間の交互作用が現れる列をまとめたものが**表 6-2-2**である. 任意の 2 つの列における交互作用が現れる列は表の交点の 2 つの列番となる.

例を用いて 2 列間の交互作用における表の使い方を説明する.

第 6 章　3 水準の直交配列表実験の計画と解析

表 6-2-2　2 列間の交互作用の表

1	2	3	4	5	6	7	8	9	10	11	12	13
(1)	3	2	2	6	5	5	9	8	8	12	11	11
	4	4	3	7	7	6	10	10	9	13	13	12
	(2)	1	1	8	9	10	5	6	7	5	6	7
		4	3	11	12	13	11	12	13	8	9	10
		(3)	1	9	10	8	7	5	6	6	7	5
L_9			2	13	11	12	12	13	11	10	8	9
			(4)	10	8	9	6	7	5	7	5	6
				12	13	11	13	11	12	9	10	8
				(5)	1	1	2	3	4	2	4	3
					7	6	11	13	12	8	10	9
					(6)	1	4	2	3	3	2	4
						5	13	12	11	10	9	8
						(7)	3	4	2	4	3	2
							12	11	13	9	8	10
							(8)	1	1	2	3	4
								10	9	5	7	6
								(9)	1	4	2	3
									8	7	6	5
									(10)	3	4	2
										6	5	7
										(11)	1	1
											13	12
											(12)	1
L_{27}												11

例 6-2

$L_{27}(3^{13})$ 直交配列表について以下の 2 つの列の交互作用はどの列に現れるかを図 6-2-1 のように求める．

6.3 直交配列表の実験データの解析

① 1列と2列

1	2
(1)	3
	4

② 1列と3列

1	2	3
(1)	3	2
		4

③ 3列と6列

1	2	3	4	5	6
(1)	3	2	2	6	5
		4	4	3	7	7
		(2)	1	1	8	9
			4	3	11	12
			(3)	1	9	10
				2	13	11

図 6-2-1　表 6-2-2 の使い方

6.3 直交配列表の実験データの解析

6.3.1 分散分析

直交配列表の各行に 1 個ずつのデータを対応させたときのデータの総平方和は, 各列の平方和の和に等しい. すなわち, 総平方和を S_T, 第 (i) 列の平方和を $S_{(i)}$ とすると, 式 (6.3.1) となる.

$$S_T = \sum_{i=1}^{\frac{N-1}{2}} S_{(i)} \tag{6.3.1}$$

$S_{(i)}$ は第 (i) 列の 1 水準と 2 水準と 3 水準での平均をそれぞれ $\bar{y}_{(i)1}, \bar{y}_{(i)2}, \bar{y}_{(i)3}$ とさらに総平均を $\bar{\bar{y}}$ とすると式 (6.3.2) で計算される.

$$S_{(i)} = \frac{N}{3}\{(\bar{y}_{(i)1} - \bar{\bar{y}})^2 + (\bar{y}_{(i)2} - \bar{\bar{y}})^2 + (\bar{y}_{(i)3} - \bar{\bar{y}})^2\} \tag{6.3.2}$$

各列の自由度は 2 となる.

直交配列表の実験データの解析について数値例を用いて説明する.

第6章 3水準の直交配列表実験の計画と解析

例 6-3

J自動車の塗装工程ではバンパーの塗装膜厚が不足する不良が多発した．そこで膜厚を厚くする塗装条件を知るために表 6-3-1 の因子と水準を取り上げて実験を行った．特性値は塗装膜厚（μm）であり値が大きいほど良い．

表 6-3-1　因子と水準

因　子	水準1	水準2	水準3
A（塗料種類）	A_1	A_2	A_3
B（希釈材種類）	B_1	B_2	B_3
C（塗料粘度）	12.0	13.0	14.0
D（吐出量）	200	300	400
F（霧化エアー圧）	2.5	3.5	4.5
G（ガン距離）	200	300	400
H（ガンスピード）	0.6	0.8	1.0

技術的に検出したい交互作用は $C \times D$，$C \times F$，$C \times G$ である．実験の割り付けとデータを表 6-3-2 に示す．27 回の実験はランダムな順序で行った．

(1) 交互作用の現れる列

成分記号のかけ算のルールか2列間の交互作用の表を使って交互作用の現れる列番を求める．

因子 C は1列（a）に因子 D は2列（b）に割り付けられているので，交互作用 $C \times D$ はかけ算のルールから

$$a \times b = ab \quad 3列 \qquad a \times b^2 = ab^2 \quad 4列$$

に現れる．因子 F は5列（c）に割り付けられているので，交互作用 $C \times F$ は

$$a \times c = ac \quad 6列 \qquad a \times c^2 = ac^2 \quad 7列$$

に現れる．因子 G は8列（bc）に割り付けられているので，交互作用 $C \times G$ は

$$a \times bc = abc \quad 9列 \qquad a \times (bc)^2 = ab^2c^2 \quad 10列$$

に現れる．

6.3 直交配列表の実験データの解析

表 6-3-2 割り付けとデータ

列番 行No.	1	2	5	8	11	12	13	塗装膜厚
1	1	1	1	1	1	1	1	26
2	1	1	2	2	2	2	2	14
3	1	1	3	3	3	3	3	15
4	1	2	1	2	3	3	3	41
5	1	2	2	3	1	1	1	30
6	1	2	3	1	2	2	2	80
7	1	3	1	3	2	2	2	20
8	1	3	2	1	3	3	3	73
9	1	3	3	2	1	1	1	68
10	2	1	1	1	1	2	3	35
11	2	1	2	2	2	3	1	24
12	2	1	3	3	3	1	2	37
13	2	2	1	2	3	1	2	50
14	2	2	2	3	1	2	3	49
15	2	2	3	1	2	3	1	80
16	2	3	1	3	2	3	1	45
17	2	3	2	1	3	1	2	77
18	2	3	3	2	1	2	3	70
19	3	1	1	1	1	3	2	32
20	3	1	2	2	2	1	3	39
21	3	1	3	3	3	2	1	51
22	3	2	1	2	3	2	1	65
23	3	2	2	3	1	3	2	72
24	3	2	3	1	2	1	3	85
25	3	3	1	3	2	1	3	57
26	3	3	2	1	3	2	1	73
27	3	3	3	2	1	3	2	82
因子	C	D	F	G	A	B	H	1390

第6章　3水準の直交配列表実験の計画と解析

(2) 各列の要因の確認

各列に割り付けられた要因を記入した割り付け表を作成し，各列の要因を確認する（表 6-3-3）．

表 6-3-3　割り付け表

列番	1	2	3	4	5	6	7	8	9	10	11	12	13
要因	C	D	$C \times D$	$C \times D$	F	$C \times F$	$C \times F$	G	$C \times G$	$C \times G$	A	B	H

今回はすべての列に因子と交互作用が割り付けられているので，誤差列はない．

(3) 平方和と自由度の計算

総平方和と各列の平方和と自由度を計算する．
総平方和 S_T と自由度 ϕ_T は

$$S_T = \sum_{i=1}^{N} (y_i - \bar{\bar{y}})^2$$

$$\phi_T = N - 1 \tag{6.3.3}$$

で計算される．

$$\bar{\bar{y}} = \frac{1390}{27} = 51.48$$

$$S_T = \sum_{i=1}^{N}(y_i - \bar{\bar{y}})^2 = (26 - 51.48)^2 + \cdots + (82 - 51.48)^2 = 13278.74$$

$$\phi_T = N - 1 = 27 - 1 = 26 \tag{6.3.4}$$

例えば第1列について平方和と自由度を求める．

$$\bar{y}_{(1)1} = \frac{26 + 14 + 15 + 41 + 30 + 80 + 20 + 73 + 68}{9} = \frac{367}{9} = 40.78$$

$$\bar{y}_{(1)2} = \frac{35 + 24 + 37 + 50 + 49 + 80 + 45 + 77 + 70}{9} = \frac{467}{9} = 51.89$$

6.3 直交配列表の実験データの解析

$$\overline{y}_{(1)3} = \frac{32+39+51+65+72+8557+73+82}{9} = \frac{556}{9} = 61.78$$

$$S_{(1)} = \frac{N}{3}\{(\overline{y}_{(1)1}-\overline{\overline{y}})^2 + (\overline{y}_{(1)2}-\overline{\overline{y}})^2 + (\overline{y}_{(1)3}-\overline{\overline{y}})^2\}$$
$$= 9 \times \{(40.78-51.48)^2 + (51.89-51.48)^2 + (61.78-51.48)^2\}$$
$$= 1986.74$$

となる．

自由度は

$$\phi_{(1)} = 3 - 1 = 2$$

となる．

他の列についても同じように計算する．計算結果を表6-3-4の計算補助表に示す．

(4) 分散分析表の作成

表6-3-4の計算補助表から各要因の平方和を拾い出し，表6-3-5の分散分析表にまとめる．交互作用は2つの列に現れるので平方和は2つの列の和になる．例えば$C \times D$の平方和は3列と4列の平方和の和となる．

$$S_{C \times D} = S_{(3)} + S_{(4)} = 5.85 + 60.96 = 66.81$$

飽和計画のために誤差列がなく誤差分散を見積もることができない．このような場合には，分散の小さなB, H, $C \times D$, $C \times F$を誤差として分散分析表を作成する（表6-3-5, 表6-3-6）．

第6章 3水準の直交配列表実験の計画と解析

表 6-3-4 計算補助表

列番	1	2	3	4	5	6	7
要因	C	D	$C \times D$	$C \times D$	F	$C \times F$	$C \times F$
計							
1	367	273	469	446	371	458	455
2	467	552	459	465	451	465	458
3	556	565	462	479	568	467	477
平均							
1	40.78	30.33	52.11	49.56	41.22	50.89	50.56
2	51.89	61.33	51.00	51.67	50.11	51.67	50.89
3	61.78	62.78	51.33	53.22	63.11	51.89	53.00
効果							
1	−10.70	−21.15	0.63	−1.93	−10.26	−0.59	−0.93
2	0.41	9.85	−0.48	0.19	−1.37	0.19	−0.59
3	10.30	11.30	−0.15	1.74	11.63	0.41	1.52
平方和	1986.74	6047.19	5.85	60.96	2181.41	4.96	31.63

列番	8	9	10	11	12	13
要因	G	$C \times G$	$C \times G$	A	B	H
計						
1	561	496	503	464	469	462
2	453	495	444	444	457	464
3	376	399	443	482	464	464
平均						
1	62.33	55.11	55.89	51.56	52.11	51.33
2	50.33	55.00	49.33	49.33	50.78	51.56
3	41.78	44.33	49.22	53.56	51.56	51.56
効果						
1	10.85	3.63	4.41	0.07	0.63	−0.15
2	−1.15	3.52	−2.15	−2.15	−0.70	0.07
3	−9.70	−7.15	−2.26	2.07	0.07	0.07
平方和	1919.19	689.85	262.30	80.30	8.07	0.30

6.3 直交配列表の実験データの解析

表 6-3-5 分散分析表

要因	平方和	自由度	分散
A	80.30	2	40.148
B	8.07	2	4.037
C	1986.74	2	993.370
D	6047.19	2	3023.593
F	2181.41	2	1090.704
G	1919.19	2	959.593
H	0.30	2	0.148
$C \times D$	66.82	4	16.704
$C \times F$	36.59	4	9.148
$C \times G$	952.15	4	238.037
計	13278.74	26	

表 6-3-6 分散分析表（プーリング後）

要因	平方和	自由度	分散	分散比	限界値
A	80.30	2	40.148	4.31	3.89
C	1986.74	2	993.370	106.64	3.89
D	6047.19	2	3023.593	324.60	3.89
F	2181.41	2	1090.704	117.09	3.89
G	1919.19	2	959.593	103.02	3.89
$C \times G$	952.15	4	238.037	25.56	3.89
e	111.78	12	9.315		3.26
計	13278.74	26			

有意水準5％で，A，C，D，F，G，$C \times G$ が有意となった．したがって，データの構造式は，

$$y_{ijklm} = \mu + a_i + c_j + d_k + f_l + g_m + (cg)_{jm} + \varepsilon_{ijklm}$$

となる．

第6章　3水準の直交配列表実験の計画と解析

6.3.2　推定

分散分析表から，因子 A，C，D，F，G と交互作用 $C \times G$ が有意なので，因子 A，D，F は単独で，因子 C，G は組み合わせて母平均を推定する．これら推定結果から A，C，D，F，G の最適条件を選定し，その母平均を推定する．

(1)　主効果のみが有意となった因子 A，D，F の母平均の推定

①　点推定

$$\hat{\mu}(A_1) = \hat{\mu} + \hat{a}_1$$
$$= 51.48 + 0.07 = 51.6$$
$$\hat{\mu}(A_2) = 49.3$$
$$\hat{\mu}(A_3) = 53.6$$
$$\hat{\mu}(D_1) = \hat{\mu} + \hat{d}_1$$
$$= 51.48 + (-21.15) = 30.3$$
$$\hat{\mu}(D_2) = 61.3$$
$$\hat{\mu}(D_3) = 62.8$$
$$\hat{\mu}(F_1) = \hat{\mu} + \hat{f}_1$$
$$= 51.48 + (-10.26) = 41.2$$
$$\hat{\mu}(F_2) = 50.1$$
$$\hat{\mu}(F_3) = 63.1$$

②　区間推定

信頼率 95% の信頼区間の幅は，

$$\pm\, t(\phi_e,\, \alpha)\sqrt{\frac{V_e}{n_e}} = \pm\, t(12, 0.05)\sqrt{\frac{9.315}{9}}$$
$$= \pm\, 2.179 \times 1.017 = \pm 2.22$$

となる．ここで，有効繰り返し数は，

$$n_e = \frac{N}{\phi_A + 1} = \frac{27}{2+1} = 9$$

となる．因子 D と F についても同じ幅である．

6.3 直交配列表の実験データの解析

推定結果を図 6-3-1 に示す.

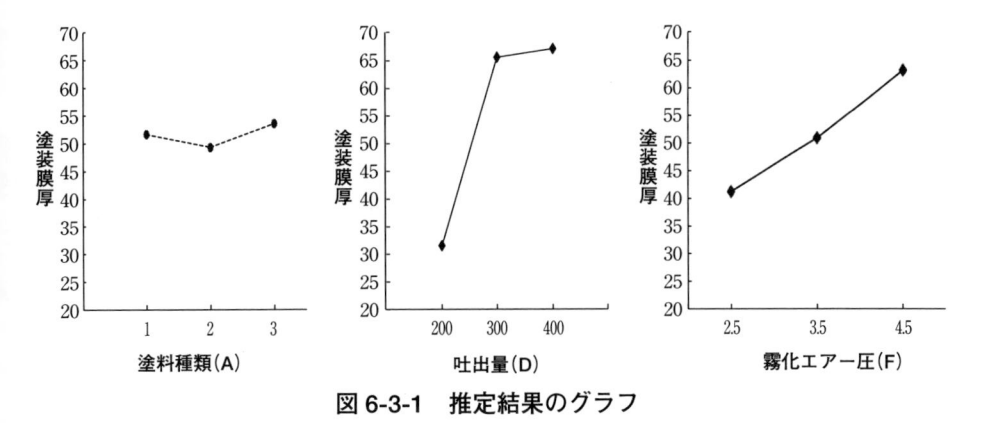

図 6-3-1　推定結果のグラフ

(2) 交互作用 $C \times G$ が有意となった C と G との組合せでの母平均の推定

① 点推定

C, G は交互作用 $C \times G$ が有意なので組み合わせて母平均を推定する.

$$\hat{\mu}(C_j G_m) = \hat{\mu} + \hat{c}_j + \hat{g}_m + \widehat{cg}_{jm}$$

直交配列表に割り付けたとおりに効果を加える．交互作用も考慮する必要があるので効果の並びは $L_9(3^4)$ の係数と同じ並びとなる．表 6-3-7 での効果の記号の隣にある数字は列番を表す．

表 6-3-7　点推定

	$\hat{\mu}$	$\hat{c}_j(1)$	$\hat{g}_m(8)$	$\widehat{c_j g_m}(9)$	$\widehat{c_j g_m}(10)$	点推定値
$C_1 G_1$	51.48	−10.70	10.85	3.63	4.41	59.7
$C_1 G_2$	51.48	−10.70	−1.15	3.52	−2.15	41.0
$C_1 G_3$	51.48	−10.70	−9.70	−7.15	−2.26	21.7
$C_2 G_1$	51.48	0.41	10.85	3.52	−2.26	64.0
$C_2 G_2$	51.48	0.41	−1.15	−7.15	4.41	48.0
$C_2 G_3$	51.48	0.41	−9.70	3.63	−2.15	43.7
$C_3 G_1$	51.48	10.30	10.85	−7.15	−2.15	63.3
$C_3 G_2$	51.48	10.30	−1.15	3.63	−2.26	62.0
$C_3 G_3$	51.48	10.30	−9.70	3.52	4.41	60.0

第6章 3水準の直交配列表実験の計画と解析

② 区間推定

信頼率95%の信頼区間の幅は，

$$\pm t(\phi_e, \alpha)\sqrt{\frac{V_e}{n_e}} = \pm t(12, 0.05)\sqrt{\frac{9.315}{9}}$$

$$= \pm 2.179 \times 1.762 = \pm 3.84$$

となる．ここで有効繰り返し数は

$$n_e = \frac{N}{\phi_C + \phi_G + \phi_{C \times G} + 1} = \frac{27}{2 + 2 + 4 + 1} = 3$$

となる．

推定結果を図 6-3-2 に示す．

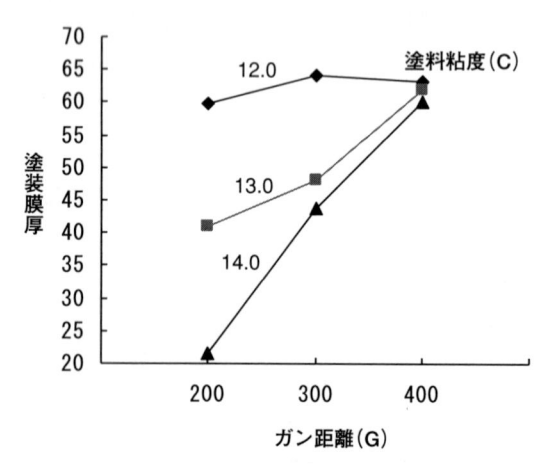

図 6-3-2　推定結果のグラフ

(3) 最適条件での母平均の推定

各因子ごとの良い水準を組み合わせた最適条件での母平均の推定を行う．特性値を最も大きくする条件は(1)と(2)から求めた結果より $A_3C_2D_3F_3G_1$ となる．この条件での母平均を推定する．

① 点推定

$$\hat{\mu}(A_3C_2D_3F_3G_1) = \hat{\mu} + \hat{a}_3 + \hat{c}_2 + \hat{d}_3 + \hat{f}_3 + \hat{g}_1 + \widehat{cg}_{21}$$

6.3 直交配列表の実験データの解析

$$= 51.48 + 2.07 + 0.41 + 11.30 + 11.63 + 10.85 + 3.52$$
$$+ (-2.56)$$
$$= 89.0$$

② 区間推定

信頼率 95% の信頼区間の幅が

$$\pm\, t(\phi_e,\, \alpha)\sqrt{\frac{V_e}{n_e}} = \pm\, t(12, 0.05)\sqrt{\frac{5 \times 9.315}{9}}$$
$$= \pm\, 2.179 \times 2.275 = \pm 4.96$$

となる．ここで有効繰り返し数は

$$n_e = \frac{N}{\phi_A + \phi_C + \phi_D + \phi_F + \phi_G + \phi_{C \times G} + 1} = \frac{9}{5}$$

なので，信頼限界は

$$\mu(A_3 C_2 D_3 F_3 G_1) = 89.0 \pm 4.96 = 84.0,\ 94.0$$

となる．

6.3.3 Excel での解法

例 6-3 を Excel を使って解析する．

① 総平均と総平方和を計算する（図 6-3-3）．

	O	P
29	51.48	総平均
30	13278.74	総平方和

	O	P
29	=AVERAGE(O2:O28)	総平均
30	=DEVSQ(O2:O28)	総平方和

図 6-3-3　総平均と総平方和の計算

第 6 章　3 水準の直交配列表実験の計画と解析

② 第 1 列に割り付けられた要因として主効果 C を入力する（図 6-3-4）．

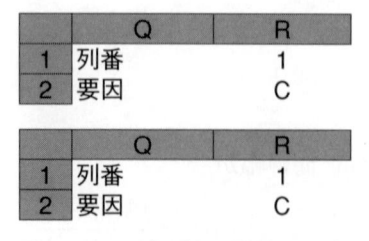

	Q	R
1	列番	1
2	要因	C

	Q	R
1	列番	1
2	要因	C

図 6-3-4　割り付け要因の入力

③ 第 1 列の各水準でのデータの計 $\sum y_{(1)1}$，$\sum y_{(1)2}$ と $\sum y_{(1)3}$ を計算する（図 6-3-5）．

	Q	R
3	計	
4	1	367
5	2	467
6	3	556

	Q	R
4	1	=SUMIF(B2:B28,$Q$4,$O$2:$O$28)
5	2	=SUMIF(B2:B28,$Q$5,$O$2:$O$28)
6	3	=SUMIF(B2:B28,$Q$6,$O$2:$O$28)

図 6-3-5　水準計の計算

④ 第 1 列の各水準でのデータの $\bar{y}_{(1)1}$，$\bar{y}_{(1)2}$ と $\bar{y}_{(1)3}$ を計算する（図 6-3-6）．

	Q	R
7	平均	
8	1	40.78
9	2	51.89
10	3	61.78

	Q	R
8	1	=R4/COUNTIF(B2:B28,$Q$8)
9	2	=R5/COUNTIF(B2:B28,$Q$9)
10	3	=R6/COUNTIF(B2:B28,$Q$10)

図 6-3-6　水準平均の計算

6.3 直交配列表の実験データの解析

⑤ 第1列での効果である $\bar{y}_{(1)1}-\bar{\bar{y}}$, $\bar{y}_{(1)2}-\bar{\bar{y}}$ と $\bar{y}_{(1)3}-\bar{\bar{y}}$ を計算する（図 6-3-7）．

	Q	R
11	効果	
12	1	-10.70
13	2	0.41
14	3	10.30

	Q	R
12	1	=R8-$O$29
13	2	=R9-$O$29
14	3	=R10-$O$29

注）数値の丸めの都合で和が0とはならない．

図 6-3-7　水準効果の計算

⑥ 第1列の平方和である $S_{(1)} = \dfrac{N}{3}\{(\bar{y}_{(1)1}-\bar{\bar{y}})^2 + (\bar{y}_{(1)2}-\bar{\bar{y}})^2 + (\bar{y}_{(1)3}-\bar{\bar{y}})^2\}$ を計算する（図 6-3-8）．

	Q	R
16	平方和	1986.74

	Q	R
16	平方和	=COUNTIF(B2:B28, $Q$12)*SUMSQ(R12:R14)

図 6-3-8　平方和の計算

第 6 章　3 水準の直交配列表実験の計画と解析

⑦　分散分析表を作成する（図 6-3-9）．

	Q	R	S	T	U	V
22	要因	平方和	自由度	分散	分散比	限界値
23	A	80.30	2	40.15	13.38	3.89
24	C	1986.74	2	993.37	106.64	3.89
25	D	6047.19	2	3023.59	1007.86	3.89
26	F	2181.41	2	1090.70	363.57	3.49
27	G	1919.19	2	959.59	319.86	3.89
28	C×G	952.15	4	238.04	79.35	3.26
29	E	111.78	12	9.31		

	Q	R	S
24	C	=SUMIF($R$2:$AD$2,Q24,$R$16:$AD$16)	=SUMIF($R$2:$AD$2,Q24,$R$18:$AD$18)

注）　B, H, $C \times D$, $C \times F$ は誤差にプールされている．

図 6-3-9　分散分析表

⑧　因子 A の母平均を推定する（図 6-3-10）．

	AF	AG	AH	AI
2	A	点推定	下側信頼限界	上側信頼限界
3		1	51.6	49.3	53.8
4		2	49.3	47.1	51.5
5		3	53.6	51.3	55.8
6	幅		2.22		
7	l.s.d		3.13		

	AF	AG	AH	AI
3		1	=$O$29+AB12	AG3-$AG$6	=AG3+$AG$6
6	幅	=TINV(0.05, AE22)*SQRT(T29/(A1/3))		
7	l.s.d	=TINV(0.05, AE22)*SQRT(2*T29/(A1/3))		

図 6-3-10　因子 A の推定

6.3 直交配列表の実験データの解析

⑨ 因子 C, G の組合せでの母平均を推定する（図 6-3-11）．

	AF	AG	AH	AI
23	CG	点推定	下側信頼限界	上側信頼限界
24		11	59.7	55.8	63.5
25		12	41.0	37.2	44.8
26		13	21.7	17.8	25.5
27		21	64.0	60.2	67.8
28		22	48.0	44.2	51.8
29		23	43.7	39.8	47.5
30		31	63.3	59.5	67.2
31		32	62.0	58.2	65.8
32		33	60.0	56.2	63.8
33	幅		3.84		
34	l.s.d		5.43		

	AF	AG	AH	AI
24		11 =O29+R12+Y12+Z12+AA12	=AG24－$AG$33	=AG24+$AG$33
33	幅	=TINV(0.05, AE22)*SQRT(T29/(A1/9))		
34	l.s.d	=TINV(0.05, AE22)*SQRT(2*T29/(A1/9))		

図 6-3-11　因子 C, G の推定

⑩ 最適条件での母平均を推定する（図 6-3-12）．

	AF	AG	AH	AI
36	A3C2D3F3G1	点推定	下側信頼限界	上側信頼限界
37		89.0	84.0	94.0
38	幅	4.96		

	AF	AG	AH	AI
37		=O29+AB14+R13+S14+V14+Y12+Z13+AA14	=AG37－$AG$38	=AG37+$AG$38
38	幅	=TINV(0.05, AE22)*SQRT(5*T29/9)		

図 6-3-12　最適条件での推定

第 6 章　3 水準の直交配列表実験の計画と解析

6.4 直交配列表による実験の割り付け

3 水準の直交配列表も 2 水準と同じように成分記号あるいは線点図（図 6-4-1, 図 6-4-2）を使って割り付けができる．

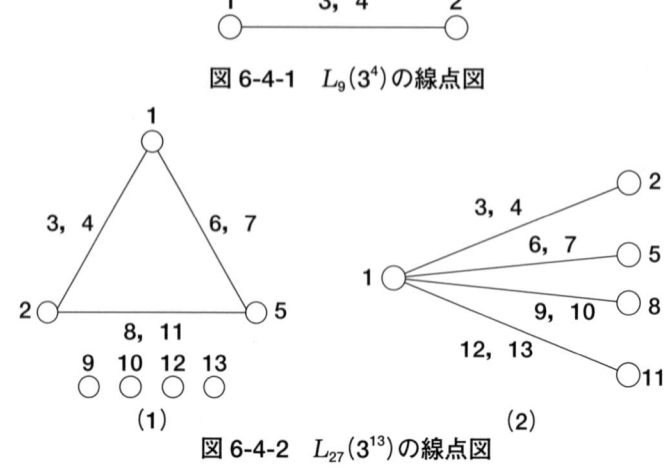

図 6-4-1　$L_9(3^4)$ の線点図

図 6-4-2　$L_{27}(3^{13})$ の線点図

ここでは線点図を利用した割り付けを例を用いて説明する．

例 6-4

すべて 3 水準の因子 A, B, C, D, F, G, H の主効果と交互作用 $A \times B$, $A \times C$, $B \times C$ を求めたい．直交配列表への割り付けを行え．

　手順 1　直交配列表を選択する．
　　求めたい要因の自由度の総和を計算し，使う直交配列表の大きさを決める（表 6-4-1）．

6.4 直交配列表による実験の割り付け

表 6-4-1 自由度の確認

要因	A	B	C	D	F	G	H	$A \times B$	$A \times C$	$B \times C$	計
自由度	2	2	2	2	2	2	2	4	4	4	26

$L_9(3^4)$ は自由度が 8 なので割り付けられない，次のサイズの $L_{27}(3^{13})$ は自由度が 26 なので割り付けられそうである．$\phi_e = 26 - 26 = 0$ なので誤差列はない．

手順 2 必要な線点図を書く．

用意されている線点図を参考に必要な要因を線点図で記述する（図 6-4-3）．

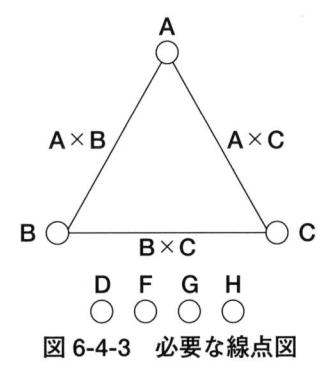

図 6-4-3 必要な線点図

手順 3 用意されている線点図の列番を当てはめる．

図 6-4-2(1) を使って割り付ける（図 6-4-4）．

今回の例は必要な線点図と用意されている線点図とが一致する場合である．

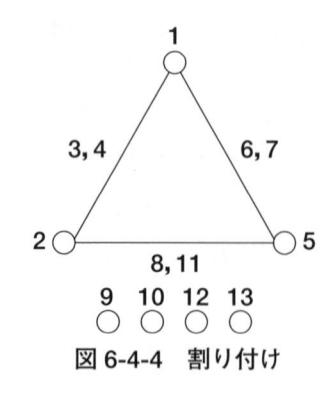

第6章 3水準の直交配列表実験の計画と解析

図 6-4-4 割り付け

表 6-4-2 割り付け表

列番	1	2	3	4	5	6	7	8	9	10	11	12	13
割り付け要因	A	B	A × B	A × B	C	A × C	A × C	B × C	D	F	B × C	G	H
成分記号	a	b	a b	a b^2	c	a c	a c^2	b c	a c	a b^2 c^2	b c^2	a b^2 c	a b c^2

手順 4 割り付け表を作成して割り付けの確認を行う(表 6-4-2).
交互作用と因子とが交絡していないのでよさそうである.

例 6-5

すべて 3 水準の因子 A, B, C, D, F, G, H の主効果と交互作用 $A \times B$, $A \times C$, $A \times D$ を求めたい. 直交配列表への割り付けを行え.

手順 1 直交配列表を選択する.
求めたい要因の自由度の総和を計算し, 使う直交配列表の大きさを決める(表 6-4-3).

6.4 直交配列表による実験の割り付け

表 6-4-3 自由度の確認

要因	A	B	C	D	F	G	H	$A\times B$	$A\times C$	$B\times C$	計
自由度	2	2	2	2	2	2	2	4	4	4	26

$L_9(3^4)$ は自由度が 8 なので割り付けられない，次のサイズの $L_{27}(3^{13})$ は自由度が 26 なので割り付けられそうである．$\phi_e = 26 - 26 = 0$ なので誤差列はない．

手順 2 必要な線点図を書く．

用意されている線点図を参考に必要な要因を線点図で記述する（図 6-4-5）．

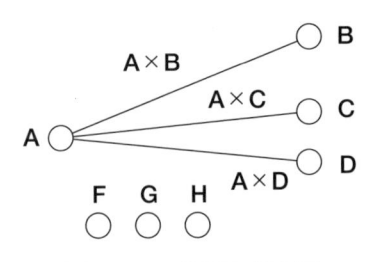

図 6-4-5 必要な線点図

手順 3 用意されている線点図の列番を当てはめる．

図 6-4-2(2) を使って割り付ける（図 6-4-6）．

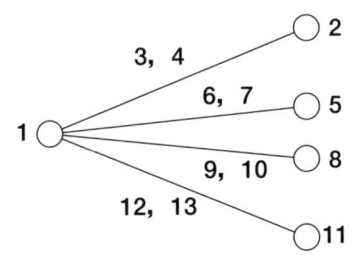

図 6-4-6 用意されている線点図

第6章　3水準の直交配列表実験の計画と解析

まず因子 A, B, C, D を1, 2, 5, 8列に割り付ける．交互作用 $A \times B$, $A \times C$, $A \times D$ はそれぞれ 3, 4列，6, 7列と 9, 10列とに現れる．因子 F, G, H を 11, 12, 13列に割り付ける．

手順4　割り付け表を作成して割り付けの確認を行う（表6-4-4）．

表6-4-4　割り付け表

列番	1	2	3	4	5	6	7	8	9	10	11	12	13
割り付け要因	A	B	$A \times B$	$A \times B$	C	$A \times C$	$A \times C$	D	$A \times D$	$A \times D$	F	G	H
成分記号	a	b	a b	a b^2	c	a c	a c^2	b c	a b c	a b^2 c^2	a b c	a b^2 c	a b c^2

表6-4-4には知りたい要因がすべて割り付いており，交絡もないのでよいと思われる．

参 考 文 献

[1]　西堀榮三郎，磯部邦夫：『工場実験法』，日本科学技術連盟，1958 年
[2]　田口玄一，小西省三：『直交表による実験のわりつけ方　例題と演習』，日科技連出版社，1959 年
[3]　田口玄一：『直交表と線点図』，丸善，1962 年
[4]　石川馨，米山高範：『分散分析法入門』，日科技連出版社，1967 年
[5]　石川馨，中里博明，松本洋，伊東静男：『改訂版　初等実験計画法テキスト』，日科技連出版社，1968 年
[6]　奥野忠一，芳賀敏郎：『実験計画法』，培風館，1969 年
[7]　朝尾正，安藤貞一，楠正，中村恒夫：『最新実験計画法』，日科技連出版社，1973 年
[8]　増山元三郎，奥野忠一，田口玄一，竹内啓，広津千尋：『実験計画法　その発展と最近の話題』，東京大学出版会，1974 年
[9]　田口玄一：『第3版　実験計画法(上)』，丸善，1976 年
[10]　田口玄一：『第3版　実験計画法(下)』，丸善，1977 年
[11]　林知己夫：『データ解析の考え方』，東洋経済新報社，1977 年
[12]　R.A. フィッシャー(著)，遠藤健児，鍋谷清治(訳)：『研究者のための統計的方法』，森北出版，1979 年
[13]　芳賀敏郎，橋本茂司：『回帰分析と主成分分析』，日科技連出版社，1980 年
[14]　中里博明，川崎浩二郎，平栗昇，大滝厚：『品質管理のための実験計画法テキスト』，日科技連出版社，1985 年
[15]　草場郁郎：『操業最適化入門』，日科技連出版社，1985 年
[16]　安藤貞一，田坂誠男：『実験計画法入門』，日科技連出版社，1986 年
[17]　竹内啓 監修，市川伸一，大橋靖雄：『SASによるデータ解析入門』，東京大学出版会，1987 年
[18]　久米均，飯塚悦功：『回帰分析』，岩波書店，1987 年

参考文献

[19]　鷲尾泰俊：『実験の計画と解析』, 岩波書店, 1988年
[20]　芳賀敏郎, 橋本茂司：『実験データの解析(1)』, 日科技連出版社, 1989年
[21]　芳賀敏郎, 橋本茂司：『実験データの解析(2)』, 日科技連出版社, 1990年
[22]　谷津進：『すぐに役立つ実験の計画と解析(基礎編)』, 日本規格協会, 1991年
[23]　谷津進：『すぐに役立つ実験の計画と解析(応用編)』, 日本規格協会, 1991年
[24]　安部季夫：『直交表実験計画法』, 日科技連出版社, 1993年
[25]　竹内啓 監修, 芳賀敏郎, 野澤昌弘, 岸本淳司：『SASによる回帰分析』, 東京大学出版会, 1996年
[26]　鷲尾泰俊：『実験計画法入門(改訂版)』, 日本規格協会, 1997年
[27]　内田治：『すぐにわかるExcelによる実験データの解析』, 東京図書, 1999年
[28]　永田靖：『入門実験計画法』, 日科技連出版社, 2000年
[29]　林知己夫：『データ解析の科学』, 朝倉書店, 2003年
[30]　山田秀：『実験計画法―方法編―』, 日科技連出版社, 2004年
[31]　宮川雅巳：『実験計画法特論』, 日科技連出版社, 2006年
[32]　棟近雅彦, 奥原正夫：『JUSE-StatWorksによる実験計画法入門［第2版］』, 日科技連出版社, 2012年
[33]　棟近雅彦, 奥原正夫：『JUSE-StatWorksによる回帰分析入門［第2版］』, 日科技連出版社, 2012年

索　引

［英数字］

$1-\alpha$　24
$1-\beta$　22
3因子交互作用　151
AVERAGE　10
confounding　134
DEVSQ　10
FDIST　16，17
FINV　16，17
F分布　15，44
H_0　19
H_1　20
l.s.d　47
$L_{16}(2^{15})$　153
$L_{27}(3^{13})$　207
$L_4(2^3)$　153
$L_8(2^7)$　153
$L_9(3^4)$　207
lack of fit　62
LINEST関数　73
NORMSDIST　17
NORMSINV　17
RAND　56
saddle point　119
TDIST　15，17
TINV　15，17
t分布　14，45
u_0　20
VAR　10
α　20
β　22

［あ　行］

当てはまりの悪さ　62
アワテモノの誤り　22
鞍点　119
一部実施法　180
伊奈の式　88
因子　26，37
　——分散　43
　——平方和　41
上側信頼限界　24
応答曲面　112
大網を張る実験　153

［か　行］

回帰係数　62
外挿　3
かけ算のルール　160，210
仮説検定　19
観察研究　4

索　引

棄却域　21
危険率　20, 22
擬水準　203
　——法　203
既成の線点図　183
擬相関　2
期待値　11
基本表示　156
帰無仮説　19
局所管理　5
区間推定　24
繰り返しのない二元配置　80, 133
計数値　11
計量値　11
検出力　22
検定　18
　——仮説　19
　——統計量　20
交互作用効果　80, 81
交互作用の表　161, 211
交絡　2, 134
　——法　180
誤差　5
　——分散　43
　——平方和　29, 41

[さ　行]

採択域　21
最適条件　46

差の検定　27
三元配置　151
サンプリング　7
　——誤差　8
次善条件　46
下側信頼限界　24
実験計画法　4
実験研究　3
実験誤差　26
実験順序のランダマイズ　5
実験データのグラフ化　48
実験の反復　5
質的因子　38
自由度　9
主効果　39
試料　7
信頼区間　24
信頼率　24
水準　26, 37
　——数　37
推定　23
生起確率　30
正規性　26, 40
正規分布　12
制御因子　123
成分記号　156, 177
線点図　180, 228
総平均　39
総平方和　41

索　引

測定誤差　8

［た　行］

第1自由度　15
第1種の誤り　22
第2自由度　15
第2種の誤り　22
対立仮説　20
田口の式　88
多元配置　151
多項式回帰式　62
多水準法　191
ダミー変数　121
直交配列表　153, 207
定数項　62
データの構造　33
　——式　39
点推定　23
統計量　7
等高線グラフ　108
等分散性　26, 40
特性要因図　1
独立性　26, 40

［な　行］

二元配置実験　79
必要な線点図　183

［は　行］

標示因子　123
標準化の式　13
標準誤差　14
標準正規分布　13
標準偏差　12
プーリング　84, 164
不偏推定量　24, 45
不偏性　26, 40
分散　9, 11, 12
　——の加法性　12
　——分析表　45
平均値　8
　——の分布　13
平方和　9
飽和計画　178
母集団　7
母数　7
母分散　11
母平均　11
　——の差の検定　46
ボンヤリモノの誤り　22

［や　行］

有意水準　20
有効繰り返し数　88
有効反復数　88
用意されている線点図　183

237

索　引

要求される線点図　183

［ら　行］

量的因子　62
列番　156

［わ　行］

割り付け　177
　──表　166

著者紹介

奥原　正夫（おくはら　まさお）

　1987年東京理科大学理工学研究科経営工学専攻博士課程単位取得満期退学，1989年東京理科大学工学部第一部経営工学科助手，1990年東京理科大学諏訪短期大学経営情報学科専任講師，1994年同助教授，2002年諏訪東京理科大学経営情報学部経営情報学科専任講師を経て，2009年より同教授．2011年より経営情報学部学部長．主な研究分野はSQC．主著に『SQC入門―QC七つ道具，検定・推定編』（共著，日科技連出版社，1999年），『SQC入門―実験計画法編』（共著，日科技連出版社，2000年），『JUSE-StatWorksによる実験計画法入門［第2版］』（共著，日科技連出版社，2012年）など．

実践に役立つ実験計画法入門

2013年4月19日　第1刷発行
2024年6月10日　第8刷発行

著　者　奥原　正夫
発行人　戸羽　節文

発行所　株式会社　日科技連出版社
〒151-0051　東京都渋谷区千駄ヶ谷5-15-5
　　　　　　DSビル
　　　電　話　出版　03-5379-1244
　　　　　　　営業　03-5379-1238

検印省略

印刷・製本　河北印刷株式会社

Printed in Japan

© Masao Okuhara 2013
URL https://www.juse-p.co.jp/

ISBN 978-4-8171-9342-1

本書の全部または一部を無断でコピー，スキャン，デジタル化などの複製をすることは著作権法上での例外を除き禁じられています．本書を代行業者等の第三者に依頼してスキャンやデジタル化することは，たとえ個人や家庭内での利用でも著作権法違反です．